AF859351

LES ARBRES AUSSI FONT LA GUERRE

Francis Martin

LES ARBRES AUSSI FONT LA GUERRE

humenSciences

ISBN 978-2-3838-8113-1
Dépôt légal – 1re édition humenSciences : 2021, septembre
1re édition, Alpha : 2024, juin

© humenSciences / Humensis, 2021
© Alpha / Humensis, 2024
170 bis, boulevard du Montparnasse 75014 Paris

SOMMAIRE

À tous ceux qui écoutent le Chant du Monde

IL ÉTAIT UNE FOIS LA FORÊT

« La face entière de la Terre porte aujourd'hui l'empreinte de la puissance de l'homme. »

GEORGES-LOUIS LECLERC, comte de Buffon,
Les Époques de la Nature, 1778

Son regard courait au loin jusqu'au Ballon d'Alsace et la Fennematt, l'ancienne frontière avec l'Allemagne. Chaque matin à l'aube naissante, depuis plus d'un demi-siècle, le vieux garde forestier parcourait de ses longues enjambées les sentiers serpentueux qui menaient à travers la sombre sapinière vers le sommet des montagnes chauves. La nuit s'évaporait. Le vent avait sa voix paisible à travers les feuillages. En sortant de la forêt, l'homme aborda le déroulement des maigres pâturages. Le sommet nu de la montagne arrondie se découpait en ligne nette sur le ciel bleuté du matin. Adossé à un vieil arbre à la lisière du bois, le forestier aimait se réchauffer aux premiers rayons solaires glissant sur les Hautes Chaumes alors que la brume matinale s'effilochait sur les crêtes ; en contrebas, dans la vallée, les villages se blottissaient encore dans le brouillard. Il y avait juste le jour qu'il fallait pour deviner les formes douces de la pâture où les petites graminées dorées faisaient courir des reflets soyeux. Des vallons émanait un parfum finement boisé de résine. Le forestier était né et avait grandi dans cette longue vallée de la Doller, bercé par ses couleurs, ses bruits et ses odeurs. Son arrière-grand-père avait planté les fiers sapins qui couvraient de leur multitude les pentes des vallons vosgiens.

La forêt avec ses hauts arbres tranquilles était son domaine. Matin après matin, l'inquiétude sourde qui lui serrait le cœur laissait la place au désespoir. Ses sapins mouraient par milliers ; ils rougissaient, puis se desséchaient. Le vert profond qui s'écoulait en larges nappes depuis les crêtes vers les fonds laissait la place à de longues ternissures rougeâtres… sa forêt dépérissait. La lèpre s'était insinuée inexorablement dans la grande forêt après la longue sécheresse de l'été 2018, puis avait grignoté les bois communaux, vallon après vallon. Ce dernier été avait vu une recrudescence terrible du dépérissement. Les rares pluies hivernales, les inhabituelles vagues de chaleur printanière et les sécheresses estivales des trois dernières années s'étaient conjuguées pour faire dépérir les arbres – ils mouraient de soif dans ces vallées jadis fraîches et humides. Puis des hordes de scolytes, des coléoptères xylophages, avaient envahi les sapins pectinés affaiblis et les achevaient. Leurs hampes desséchées striaient désormais le camaïeu de verts des canopées. Les journées du vieux forestier étaient tristement ponctuées par le fracas des arbres qu'une brigade de bûcherons abattait par centaines à travers la vallée.

Plus bas, vers Thann et Mulhouse, un autre fléau recouvrait de son mortel manteau les villes, les bourgs et les villages de la plaine et des vignobles. Invisible, le minuscule coronavirus avait surgi brutalement, porté de souffle en souffle, et fait des centaines de victimes en quelques jours. Les virologues l'avaient dénommé Sars-CoV-2. Hélas, personne n'imaginait alors que cette nouvelle peste allait se répandre à travers le pays et le monde et provoquer une pandémie qui ferait des millions de victimes en quelques mois. Prophétiques, de nombreux scientifiques avaient prédit que des pandémies ne manqueraient pas de survenir, affectant humains, animaux domestiques ou plantes. Alertés, nous aurions dû tout mettre en œuvre pour en limiter la dissémination. Nos sociétés technologiques étaient condamnées à souffrir plus fréquemment de maladies émergentes infectieuses malgré la révolution médicale des dernières décennies. Les raisons évoquées par les épidémiologistes étaient multiples : urbanisation rapide et erratique des villes dans de nombreux pays en développement, crises humanitaires prolongées, incursion humaine dans des régions auparavant non exploitées, intensification des voyages internationaux, mondialisation du commerce et changement climatique. Comme trop souvent, nous avions oublié les leçons de l'histoire. Dès l'Antiquité, les routes commerciales ont constitué un formidable vecteur des épidémies d'un empire à l'autre. La peste de Justinien (541-767), provoquée par la bactérie *Yersinia pestis*, est l'une des premières grandes pandémies de peste répertoriées dans les chroniques. Elle ravagea les empires romain et byzantin en suivant les voies de transport maritime. Au Moyen Âge, la peste réapparut en Europe véhiculée par les caravaniers parcourant la route de la soie entre l'Asie et l'Europe, les cavaliers mongols de la Horde d'Or et les navires génois. Entre 1347 et 1352, la Mort noire, pandémie de pestes bubonique et pulmonaire, tua entre 25 et 45 millions d'Européens, soit 30 à 50 % de la population. Jusqu'au début du XIXe siècle, des épidémies majeures de choléra sont encore signalées en Europe. La pandémie de virus de l'immunodéficience humaine ou VIH-1, infectant l'humain et responsable du syndrome d'immunodéficience acquise (sida), aurait causé la mort de plus de 32 millions de personnes depuis son apparition en 1981. La vulnérabilité croissante des sociétés humaines, mais aussi des communautés végétales, face aux pandémies résulte de multiples facteurs, et l'une des causes profondes est vraisemblablement la destruction accélérée des habitats naturels.

Dans les zones intertropicales où l'accroissement démographique est fulgurant, de nombreuses communautés humaines dans la pauvreté sont confrontées à des menaces sanitaires croissantes générées par des animaux sauvages vivant dans les forêts voisines. En pratiquant la déforestation pour permettre l'accroissement des villes, des surfaces agricoles et des pâturages, les populations humaines entrent plus fréquemment en contact avec des parasites microbiens qui infectent les animaux sauvages peuplant les forêts primaires. La construction d'une nouvelle piste à travers la jungle, le défrichement et la fragmentation d'un massif forestier, et que dire d'un conflit armé, sont autant d'alliés pour les pathogènes dont ils favorisent la dispersion au sein de populations dans des situations souvent précaires. Ces perturbations de l'environnement, associées à l'intensification des échanges entre les campagnes et les villes, exacerbent les risques d'apparition de nouvelles maladies invasives, dites « émergentes », les zoonoses qui passent de l'animal sauvage aux animaux domestiques et à l'Homme. Ce fut le cas du virus de la fièvre jaune ou de celui du sida. Comme l'affirme l'écologue Serge Morand du CNRS, la préservation des écosystèmes naturels et de leur biodiversité est le seul moyen d'éviter « une épidémie de pandémies ». C'est d'ailleurs l'un des scénarios envisagés dès l'émergence de l'épidémie de coronavirus Sars-CoV-2, largement relayé par les médias. Toutefois, les preuves scientifiques pour l'étayer sont encore ténues. Ce qui est aujourd'hui admis par les scientifiques, c'est que le Sars-CoV-2 a une origine animale. Les analyses génomiques montrent que le coronavirus dont il est le plus proche – avec qui il partage 96 % de son génome – est celui d'une chauve-souris. Ce chiroptère serait donc selon toute vraisemblance le réservoir naturel du virus. Les connaissances acquises semblent également confirmer l'origine géographique du coronavirus : c'est bien dans la province du Hubei, en Chine, que le virus aurait émergé vers septembre-octobre 2019. Toutefois, des dizaines de souches virales voisines sont présentes dans les campagnes et les forêts de la province du Yunnan au sud-ouest de la Chine. Il est indispensable de multiplier les recherches sur les liens entre la déforestation ou la fragmentation des forêts et ce type de zoonose à coronavirus pour prévenir de futures épidémies.

La forêt est également sous la menace permanente de prédateurs, de ravageurs et de maladies invasives. En effet, partager la source d'énergie prodiguée par le soleil est le problème écologique originel de tous les organismes vivant sur notre planète. Les arbres et les autres plantes des sous-bois sont les grands alchimistes qui transmutent le flux constant de photons solaires en sucres, combustibles de toute vie. Les autres habitants de la forêt, animaux et microbes, sont alors destinés à consommer les substances carbonées libérées par les plantes ou à attendre qu'elles périssent pour se nourrir de leur matière morte et puis à s'entre-manger, combinés dans de multiples habitats, superposés sur le même espace. Comme l'écrit Baptiste Morizot : « De ce point de vue, les loups, les cerfs, les hêtraies, peut-être même les systèmes écologiques, sont pris dans des relations constitutives : ils sont des partenaires diplomatiques qui cohabitent avec nous depuis leur géopolitique propre, dans cette entreprise immémoriale des vivants pris dans l'éco-évolution : partager du soleil*. » Les arbres sont en guerre permanente avec leurs congénères pour capter lumière et ressources nutritives. Dans le même temps, ils doivent aussi se défendre contre des nuées d'insectes phytophages nés pour manger de la feuille. À chaque instant, l'une ou l'autre des millions de feuilles des chênes vénérables est attaquée par des chenilles défoliatrices, des mineuses de feuilles ou des insectes piqueurs, déchiqueteurs ou décapeurs. Près de 20 % de la production végétale sont ainsi consommés par les insectes. Et si les fiers ligneux et leurs plantes accompagnatrices des sous-bois arrivent à endiguer ces vagues d'agresseurs volants ou rampants, une armée invisible de microbes – bactéries, champignons et virus – tente à tout moment de pénétrer à l'intérieur des feuilles et des racines pour se délecter des éléments nutritifs qui s'y accumulent.

Imaginez le nombre de maladies, d'agressions, de blessures, de stress subis par les grands arbres vénérables comme le pin Bristlecone « Mathusalem », l'if de Llangernyw, le cyprès de Patagonie « Gran Abuelo », le séquoia géant « Président », le baobab « Panke » ou le genévrier de Phénicie des gorges de l'Ardèche… tous plus que millénaires. Ils ont résisté à toutes les attaques. Quels sont donc les mécanismes de défense

---

* MORIZOT B., *Les diplomates, cohabiter avec les loups sur une autre carte du vivant*, Paris, Wildproject, 2016.

et de résistance formidables qui protègent les arbres parfois pendant des siècles ? Les arbres sont au cœur d'un nexus d'agressions, de stress et de compétitions tout au cours de leur longue vie. Leur ADN garde l'empreinte de millions d'années de conflits avec le ciel et les autres habitants des bois. Les arbres, qui me sont si chers, sont souvent victimes des virus, bactéries et champignons tueurs. Des épidémies redoutables ont été capables d'éradiquer en quelques années des arbres enracinés dans le patrimoine paysager de nos régions depuis des millénaires. À la fin du siècle dernier, la graphiose, provoquée par le champignon *Ophiostoma novo-ulmi*, a décimé les populations européennes de l'orme. L'orme champêtre, un arbre d'une grande noblesse, peuplait nos bois et nos parcs. De nombreux lieux portent encore son nom. Parmi les 30 000 ormes qui jalonnaient les rues de Paris au XIXe siècle, il en reste moins d'un millier. Au cours des prochaines années, le dépérissement de l'aulne glutineux causé par *Phytophthora alni*, la chalarose du frêne provoquée par le champignon *Hymenoscyphus pseudo-albidus* ou l'encre du châtaignier portée par des *Phytophthora* risquent de faire disparaître ces arbres de nos régions. Le pire est sans doute à venir : la base de données du Département de la santé des forêts du ministère de l'Agriculture révèle que des parasites d'origine exotique sont à l'origine de sept des treize maladies les plus courantes qui affectent les forêts françaises. L'intensification des échanges commerciaux constitue la principale voie d'introduction de ces organismes pathogènes des arbres. La mondialisation favorise les mouvements des biens de consommation, mais également la diffusion des agents pathogènes venus d'Asie ou d'Amérique. Un danger qui ne fait que croître.

Fort heureusement, les microbes ne sont pas tous des tueurs ravageant le corps des animaux et des plantes. Nombreux sont ceux qui épaulent et accompagnent leurs hôtes dans leur combat pour la vie et la survie. Dans tous les habitats, naturels ou soumis aux activités humaines, les microbes vivent dans les racines, les tiges et les feuilles où ils dialoguent avec leur hôte. Parfois, ils nouent une alliance durable pour former des symbioses mutualistes qui jouent alors un rôle crucial dans la croissance et la santé des plantes*. Les plantes et leur cortège de microbes, bénéfiques ou pathogènes, forment ainsi un supra-organisme. Les vieux chênes, les hêtres vigoureux, les grands sapins élancés sont les piliers de vertes cathédrales ; ce sont aussi des arbres-mondes qui hébergent une armée dc minuscules êtres vivants – un écosystème complexe façonné par les interactions, souvent aléatoires, entre espèces. Cet archipel d'îles végétales en interaction permanente est nécessaire au fonctionnement de la forêt. Il est le garant de sa pérennité. Le dérèglement climatique et bien d'autres activités humaines perturbent l'harmonie de ces alliances. La rupture des

* Martin F., *Sous la forêt. Pour survivre il faut des alliés*, Paris, humenSciences, 2019.

équilibres gouvernant le dialogue entre les plantes et les microbes influence non seulement la biodiversité des communautés végétales, mais également les interactions fragiles avec le sol dans lequel ces dernières puisent des éléments nutritifs vitaux. La disparition brutale des arbres-mondes brise les grands cycles telluriques ; les flux de carbone, d'azote, de phosphore alors s'épuisent, menaçant la fertilité des sols et la résilience future de la forêt. C'est pourquoi il me semble urgent de prendre conscience de toute la complexité des liens tissés entre les plantes et leur microbiote. Je vous raconterai comment les microbes influencent la bonne santé de leur hôte végétal et par quels mécanismes moléculaires ces grands arbres contrôlent le flux des Lilliputiens bactériens et fongiques qui veulent se réfugier en son sein. Je vous dirai aussi comment nous tentons d'évaluer l'impact des dérèglements climatiques futurs sur ces interactions arbres-microbes et, par conséquent, sur le bon fonctionnement des écosystèmes. Ensemble, nous découvrirons les processus gouvernant la composition, l'assemblage et la dynamique du cortège microbien des arbres. La disparition de la forêt ne signe pas que la fin d'un monde ; d'autres écosystèmes naturels, comme les prairies et les pelouses supraforestières ou arctiques, peuvent alors se développer et perdurer, donnant naissance à une biodiversité différente.

Si, comme moi, vous parcourez les sentiers forestiers des Vosges au Vercors, des Bauges au Couserans, du Jura à l'Oisans, vous avez croisé la mort qui rôde au sein de nombreuses forêts. 3 à 5 % des forêts métropolitaines présentent désormais des signes de dépérissement. Dans certains massifs forestiers, c'est 15 à 20 % des arbres qui sont morts ces dernières années. Beaucoup de forêts sont éreintées par les bouleversements de grande ampleur qui animent notre biosphère. Plus des neuf dixièmes des continents sont soumis à notre emprise. En Europe, la forêt est cernée par les champs et les villes. En ces temps périlleux, il m'apparaît impérieux d'inventorier les traumatismes que nos sociétés humaines infligent aux forêts dans de nombreuses parties du monde afin d'accélérer la prise de conscience de chacun. Je venais juste d'entamer l'écriture de ce livre sur les agressions que les arbres et les forêts subissaient quand des mégafeux ont commencé à dévorer la forêt primaire d'Amazonie, les maquis d'Australie et de Californie et la toundra sibérienne. Une litanie de désastres écologiques qui faisait écho à la pandémie fracassant les sociétés humaines.

En Lorraine, les scientifiques étudiant les arbres et les forêts se sont associés aux forestiers au sein d'une fédération de laboratoires pour étudier les effets des changements globaux sur les forêts et imaginer les moyens d'atténuer l'impact des dérèglements climatiques (vagues de chaleur, sécheresses, tempêtes) sur les écosystèmes forestiers. Quotidiennement, des données nous arrivent des sites ateliers répartis au sein de réseaux d'observation en France et de par le monde quant à l'impact des activités humaines et des bouleversements climatiques sur une multitude d'espèces et d'écosystèmes. C'est bien l'ensemble de la biosphère qui est affecté, des pôles à l'Équateur. Il reste moins de 3 % de terres vierges, indemnes de l'Homme, quelques milliers de kilomètres carrés de toundra et de taïga dans le nord de l'Alaska, du Canada et de la Sibérie, de la forêt vierge de l'Amazonie et des sables du Sahara. Nous sommes entrés dans l'Anthropocène : une nouvelle époque géologique qui se caractérise par l'avènement des hommes comme principale force de changement sur Terre. Mes nombreuses pérégrinations m'ont transporté des forêts tropicales de Guyane aux prairies alpines des montagnes du Yunnan en passant par la toundra d'Alaska. Je parcours la planète depuis des décennies et je peux témoigner de ces nombreux changements. Les contours complexes des vallées de montagne, des forêts de plaine et d'altitude, des déserts, des fleuves et des deltas évoluent très vite et ces transformations rapides rendent obsolètes bien des cartes – la géographie de notre monde se transforme. Nous, humains, avons mis en branle des forces cataclysmiques que nous ne sommes plus capables de maîtriser.

En 1778, le naturaliste et mathématicien Georges-Louis Leclerc, comte de Buffon, écrivait déjà : « La face entière de la Terre porte aujourd'hui l'empreinte de la puissance de l'homme. » En 1800, le naturaliste, géographe et explorateur Alexander von Humboldt qui venait de remonter l'Orénoque et dépeindre pour la première fois les interrelations entre les êtres vivants et leur environnement mentionnait « les méfaits des sociétés humaines [...] qui perturbent l'ordre de la nature ». Il était convaincu que l'être humain, cupide et ignorant, serait capable de ravager les étoiles lointaines lorsqu'il coloniserait l'espace. David Henry Thoreau, John Muir et les penseurs de l'écologie politique allaient se faire l'écho de cette mise en garde. Près de deux siècles plus tard, en 1972, le rapport Meadows intitulé « Les limites à la croissance » nous rappelait que notre monde formait un ensemble global – une écosphère – dont les parties sont interdépendantes. Tous les modèles informatiques utilisés dans cette étude prémonitoire prédisaient que les ressources de notre planète n'étaient pas infinies ; les effets cumulés de l'explosion démographique, de la pollution généralisée, de l'exploitation sans frein des ressources naturelles et de la frénésie de consommation de biens industriels nous menaient inéluctablement à l'effondrement de l'écosystème mondial et de notre civilisation. La grande majorité des décideurs politiques et économiques est restée sourde à ces injonctions et encore aujourd'hui, la militante écologiste suédoise Greta Thunberg a bien du mal à faire changer les comportements malgré le soutien d'une grande partie de la jeunesse.

Aujourd'hui, l'humanité a atteint un point crucial de son histoire mais également la biosphère. Les émissions cumulées des activités humaines depuis le début de l'ère préindustrielle ont augmenté la concentration atmosphérique de dioxyde de carbone (CO_2), et d'autres gaz à effet de serre (GES), à des niveaux sans précédent dans l'histoire de l'humanité. La quantité de CO_2 libérée dans l'atmosphère a atteint le niveau record de 36 milliards de tonnes par an. Même si nous étions capables, du jour au lendemain, d'arrêter comme par magie les émissions de CO_2 issues de l'utilisation des combustibles fossiles, notre planète évoluerait inexorablement vers un climat encore plus chaud. L'effet de serre, ou plutôt le forçage radiatif, a permis le développement de la vie sur notre planète, mais l'augmentation excessive du CO_2 dans l'atmosphère perturbe désormais l'équilibre énergétique de la Terre ; la variation des conditions climatiques est trop rapide et trop importante pour que la plupart des espèces puissent résister aux changements de température et de pluviométrie. Chutes de neige, pluies, températures, anticyclones, dépressions, ouragans, courants d'altitude sont épiés et mesurés par des milliers de capteurs. Ce flux ininterrompu de mesures est transformé en bits, bytes et octets dans les gigantesques supercalculateurs des services météorologiques afin de prédire notre avenir climatique à coup de pétaflops. Les clusters de calcul Sequana XH2000 de Météo-France ont remplacé la Pythonisse de Delphes. Les projections climatiques, issues de modèles numériques qui alimentent les rapports du GIEC, nous prédisent une augmentation de la température moyenne annuelle mondiale de 2 °C d'ici à 2050 et de 2,5 °C à l'horizon 2075, avant de se stabiliser*. Elles prédisent

* Rapport 2021 du Groupe d'experts intergouvernemental sur l'évolution du climat (GIEC).

également des modifications importantes de la pluviométrie annuelle et la fonte massive des glaciers en Europe. Ainsi, depuis les années 1970, on observe que les régions du pourtour méditerranéen, l'Afrique australe, l'Asie du Sud et les pays du Sahel subissent des sécheresses plus longues et plus intenses. Les six années depuis 2015 ont été les plus chaudes jamais enregistrées par l'Organisation météorologique mondiale. En France, les trois dernières années (2018, 2019 et 2020) ont pulvérisé, chacune, des records de sécheresse. Même les régions où elles étaient jusqu'alors assez inhabituelles, comme le Nord-Est, ont été touchées. À la fois plus fréquentes et plus intenses, les sécheresses météorologiques, édaphiques et hydrologiques impactent fortement la végétation, les sols, les lacs et les rivières. Ainsi, le climat du Languedoc est devenu semi-aride et la région toulousaine est désormais méditerranéenne. Les incertitudes sur l'évolution du climat futur restent cependant fortes; les scénarios proposés sont plus ou moins pessimistes, mais tous prédisent des bouleversements climatiques majeurs dans un futur proche. Les scientifiques s'accordent sur le fait que le réchauffement climatique affecte déjà les températures des continents et des océans, l'intensité des précipitations, la fréquence des événements météorologiques extrêmes, comme les tempêtes. Ces phénomènes vont s'accélérer. En conséquence, les écosystèmes terrestres et marins et donc leur biodiversité seront profondément modifiés à l'horizon 2050. Ce chaos va également affecter les sociétés humaines.

La complexité du changement climatique ne se limite donc pas à l'évolution des températures.

Il est frappant de constater que les conditions de vie des sociétés humaines sont restées pratiquement les mêmes depuis le milieu de l'Holocène jusqu'à aujourd'hui. Depuis six mille ans, les populations humaines nomades, puis les civilisations basées sur l'agriculture et l'élevage se sont concentrées dans les régions du globe dont la température annuelle moyenne est comprise entre 11 °C et 13 °C, et ce malgré des changements considérables dans les modes de vie et les progrès technologiques. Notre niche ou « enveloppe écologique » n'est pas très différente de celle de nos ancêtres chasseurs-cueilleurs ou éleveurs du Néolithique. Même si quelques peuples sont capables de vivre dans des conditions extrêmes, comme les régions arctiques ou les déserts, l'espèce humaine est adaptée à une gamme de températures optimales relativement restreinte. Les contingences économiques et historiques ont eu peu d'influence sur la distribution de la majorité de la population humaine. Les régions équatoriales où les sols sont les plus fertiles sont relativement peu peuplées. Par rapport à un enfant vivant sous le règne de Louis XIV, l'augmentation moyenne de la température subie par un enfant qui naîtra en 2070 est estimée à 7,5 °C, soit trois fois l'augmentation moyenne de la température mondiale, un écart largement dû au fait que les terres se réchaufferont beaucoup plus vite que les océans, mais également par le fait que la croissance démographique sera maximum dans les pays les plus chauds. Si nous ne faisons rien pour ralentir le réchauffement climatique, la température ressentie devrait changer davantage au cours des quarante prochaines années qu'au cours des six derniers millénaires. Les régions où la majorité de la population humaine réside actuellement affichent une température annuelle moyenne de 13 °C qui montera dans cinquante ans à 20 °C, comme en Afrique du Nord aujourd'hui. À cette époque, entre 1 et 3 milliards de terriens n'habiteront plus dans une « enveloppe écologique » optimale et ils n'auront plus d'autre choix que de migrer vers des pays au climat plus propice. Bien entendu, ce qui vaut pour l'Homme vaut pour les végétaux et les animaux – toutes les espèces possèdent leur « enveloppe écologique », une étroite gamme de températures et d'autres facteurs environnementaux qui déterminent leur zone de confort ou plutôt de survie. En fait, la majorité des écologues considèrent que températures atmosphériques, précipitations et saisons sont les trois facteurs majeurs régissant la distribution des espèces animales, végétales et microbiennes.

Afin d'atténuer les effets catastrophiques anticipés, les scientifiques recommandent de déployer rapidement les techniques qui pourraient nous permettre d'éliminer l'excès de CO_2 de l'atmosphère dans les dix à vingt prochaines années. Dans le même temps, nos sociétés industrielles devront réduire considérablement leur consommation d'énergie et transformer fondamentalement leurs systèmes de production d'énergie en remplaçant les combustibles fossiles par des alternatives à faible émission ou sans carbone pour freiner, puis arrêter les émissions de carbone. Notre responsabilité vis-à-vis des générations futures est immense. Chaque année perdue à réduire les émissions de GES, des dizaines de milliards de tonnes de CO_2 supplémentaires sont libérées dans l'atmosphère, rendant une tâche déjà herculéenne encore plus difficile. Il est donc urgent de trouver des moyens de piéger le CO_2 ne reposant pas sur de nouvelles technologies. Parmi ces alternatives, la capture et puis la séquestration du CO_2 par les forêts sont souvent évoquées, soit en gérant plus efficacement les surfaces boisées actuelles, soit en lançant des programmes de reforestation ambitieux. Il est toutefois indispensable d'évaluer la faisabilité et les coûts induits de ces politiques de reboisement massif, afin d'éviter les conflits potentiels avec le maintien de la biodiversité dans les forêts, la demande croissante de surfaces agricoles indispensables à l'alimentation humaine ou le développement et la restauration d'autres écosystèmes, comme les prairies humides ou les tourbières. Dans le cadre du Défi de Bonn 2011, un plan international visant à restaurer 350 millions d'hectares de forêts d'ici 2030, 43 pays des régions tropicales et subtropicales se sont déjà engagés à replanter 300 millions d'hectares de terres dégradées. Toutefois, si le reboisement repose sur la plantation d'essences sylvicoles à croissance rapide, comme les eucalyptus, qui sont régulièrement récoltés tous les dix à vingt ans, une grande partie du CO_2 stocké sera rendue à l'atmosphère. Ces plantations ont des stocks de carbone à l'hectare plus faible que la forêt « naturelle » et sont donc moins efficaces que celle-ci pour stocker du carbone. Comme beaucoup d'autres écologues, je suis convaincu qu'il serait plus efficace d'encourager la régénération naturelle des forêts dans les tropiques et les régions boréales afin de piéger le CO_2 dans la biomasse et les sols forestiers. Entreprise sur une zone suffisamment vaste du globe, la restauration des écosystèmes forestiers dégradés permettrait la séquestration de quelques milliards de tonnes de CO_2 supplémentaires d'ici 2100. La régénération naturelle pourrait ainsi constituer un moyen efficace de ralentir l'augmentation du CO_2 atmosphérique.

Dans le même temps, les forêts n'ont jamais été autant menacées dans de nombreuses régions du monde. Les forêts sont plurielles. Elles sont boréales, tempérées, subtropicales ou tropicales, mais toutes souffrent de la prédation humaine. Certes, depuis leur émergence, il y a plus de 390 millions d'années, elles ont toujours été balayées par les tempêtes, réduites en cendres par des incendies ravageurs et attaquées par des prédateurs, mais ces perturbations étaient des événements naturels sporadiques auxquels les écosystèmes étaient adaptés. Combien de petits âges glaciaires, combien d'étés torrides, combien de tempêtes ont-ils traversé ? À combien d'incendies et à combien de coups de foudre n'ont-ils pas survécu ? Grâce à un miracle d'ingéniosité biologique, ils ont réussi à s'adapter à tous ces changements. Puis les peuples du Néolithique ont commencé à modifier les grandes forêts primaires qui couvraient l'Eurasie, mais aussi l'Amazonie. La forêt de ces millénaires passés n'existe plus. Aujourd'hui, ce que nous appelons « forêt » regroupe des communautés d'arbres très diverses : plantations, forêts naturelles, réserves intégrales, grandes futaies jardinées des forêts ligériennes... Quel sera l'impact du dérèglement climatique sur ces différentes déclinaisons ? Les forestiers ont commencé à s'intéresser aux effets du changement climatique au début des années 1980. L'estimation de la croissance des arbres par la mesure de la largeur des cernes du bois – la dendrochronologie – fournissait des données rassurantes. La croissance annuelle des arbres n'avait jamais été aussi forte grâce à l'augmentation de la température atmosphérique, accélérateur des réactions biochimiques, et celle du CO_2, combustible indispensable de la photosynthèse productrice des molécules utilisées pour la formation du bois. Cependant, ils prirent vite conscience que ces effets positifs de l'effet de serre allaient rapidement être contrebalancés par des effets négatifs bien plus importants. Je me souviens de cette fin décembre 1999 quand les cyclones extratropicaux Lothar et Martin traversèrent en quelques heures toute la France, déchiquetant des massifs forestiers entiers sur leur passage ; ces tempêtes dévastatrices renversèrent plus de 170 millions de mètres cubes d'arbres, quinze fois plus que les tempêtes précédemment enregistrées de mémoire d'Homme. Dix ans plus tard, la tempête Klaus s'acharna à nouveau sur les futaies de pins maritimes d'Aquitaine, les amputant de 43 millions de mètres cubes supplémentaires. En 2003, la plus forte canicule jamais enregistrée par les services météorologiques, doublée d'une intense sécheresse, provoqua des dégâts considérables dans les forêts. Enfin, les sécheresses exceptionnelles de 2018, 2019 et 2020 ont exacerbé les dépérissements forestiers à travers tout le territoire. Ce qui inquiète les forestiers, c'est l'ampleur inégalée de ces dévastations frappant des continents entiers et l'accélération des changements climatiques.

La forêt ne meurt pas de l'accroissement de la teneur en CO_2 dans l'atmosphère. C'est la fréquence accrue et l'intensité des sécheresses estivales, corollaire de la montée de la température annuelle, qui déciment les arbres. Sachant qu'un chêne adulte pompe plus de 200 litres d'eau par jour, la sécheresse du sol qui est provoquée par l'absence prolongée de précipitations affaiblit durablement les arbres qui sont alors plus sensibles aux maladies. Après quarante à cinquante jours de sécheresse du sol, la plupart des espèces d'arbres atteignent un point de non-retour et meurent de soif. L'origine humaine de ces dépérissements catastrophiques ne fait plus de doute. La perte de biodiversité, les invasions de microbes et d'insectes pathogènes, les gigantesques feux de forêts, les sécheresses et les tempêtes ne sont pas des fléaux envoyés par les dieux, mais la manifestation des outrances de nos sociétés hyperindustrialisées et mondialisées. La biosphère est mise en péril par les activités humaines. Ce système écologique planétaire, unique, qui intègre tous les êtres vivants et les relations qu'ils tissent entre eux et avec les compartiments que sont la roche mère (lithosphère), l'eau (hydrosphère) et l'air (atmosphère), ne constitue qu'une fine couche enveloppant notre planète. Si cette arche de Noé est détruite, elle ne pourra pas être reconstruite !

Sous la pression foncière exercée par l'agriculture et l'élevage intensifs, la déforestation s'acharne sur les quelques grands massifs forestiers encore intacts dans les régions équatoriales. Au Brésil, la forêt amazonienne est défrichée à grande échelle afin de fournir de nouvelles terres aux colons, producteurs de soja et éleveurs de bétail. En Indonésie, plus d'un million d'hectares de forêts est défriché chaque année, notamment pour installer des grandes plantations de palmiers à huile destinées à produire des matières grasses pour la filière agroalimentaire. En Europe, le développement des réseaux de transport a provoqué une fragmentation accrue des habitats forestiers, même si la création de réserves intégrales et naturelles et de corridors écologiques semble conduire à une amélioration de la connectivité des habitats forestiers sur la période 1990-2000. Sans vouloir amplifier les annonces anxiogènes des médias, je m'inquiète de la multiplication des catastrophes écologiques en cours, des coups de boutoir assénés aux forêts primaires. Les inventaires de la diversité végétale, animale et microbienne publiés ces dernières années nous alertent : l'ensemble de la biosphère est aujourd'hui menacé.

Je crains, comme beaucoup d'écologues et de climatologues, que nous franchissions un « point de basculement » fatidique, à partir duquel les écosystèmes naturels ne pourraient plus revenir à un état d'équilibre assurant leur pérennité. Et ce, dans un avenir proche. En effet, le changement climatique exacerbe les effets néfastes des autres pressions exercées par l'Homme sur la biosphère. La destruction des habitats naturels, les prélèvements directs pour l'alimentation, la pollution, les invasions biologiques et le changement climatique se conjuguent pour détruire des pans entiers de la biodiversité et transformer de nombreux écosystèmes terrestres, aquatiques et marins. Les modèles développés par les écologues prédisent que 5 % des espèces connues risquent de disparaître avec une augmentation de 2 °C de la température moyenne annuelle. Ce pourcentage passerait à 16 % avec 4 °C d'augmentation de la température annuelle moyenne. Outre ces extinctions d'espèces, ce sont des écosystèmes entiers qui seront perturbés. Forêts, prairies alpines, mangroves vont se développer, se rétrécir ou disparaître selon les régions. Les arbres sont particulièrement vulnérables au changement climatique, car il leur faut plusieurs générations, soit plusieurs centaines d'années, pour s'adapter aux nouvelles conditions environnementales, dont les températures et les précipitations. L'Anthropocène serait-il l'ère de tous les dangers pour les forêts ? Les arbres sont-ils condamnés à disparaître de nos paysages ? Ces organismes magnifiques pourront-ils s'adapter aux dérèglements climatiques et se défendre face aux maladies émergentes ?

Confrontés à ces sombres perspectives et face à l'inertie des politiques publiques et des grands acteurs économiques, nous autres, scientifiques, éprouvons, comme les gestionnaires forestiers, un sentiment de profond désarroi et de lassitude. La prise de conscience des décideurs politiques et économiques ne doit plus tarder. Fini les promesses, il faut agir maintenant ! Il est urgent qu'ils se rendent compte qu'une chênaie mettra plus d'un siècle à atteindre son optimum écologique. Une gestion forestière durable, fondée sur la libre évolution, la reforestation, la restauration ou la plantation, impose donc un pas de temps entre la décision et le résultat qui est sans commune mesure avec la gestion et la transformation éventuelle des terres agricoles. Restaurer une prairie humide peut s'envisager en quelques années, restaurer un arpent de la forêt de Bornéo nécessitera des siècles. De nouveaux modes de gestion des massifs forestiers, adaptés au changement climatique anticipé, prendront des décennies avant de manifester leurs effets. Nous n'acceptons pas de voir les forêts disparaître, victimes des excès humains. D'autant qu'il existe des solutions pour sauvegarder les forêts, le cortège d'organismes qu'elles hébergent, et les services indispensables qu'elles rendent à la biosphère… et à l'Homme.

Aujourd'hui, l'usage de la forêt, ou plutôt des forêts, est multiple. Entre les immenses plantations de pins des Landes, la futaie régulière des chênaies continentales, les futaies irrégulières avec des arbres de tous les âges et de multiples essences et la forêt primaire inaltérée par l'Homme, les attentes, la gestion et les services rendus sont bien différents. En Europe, la forêt est le fruit des pratiques séculaires de générations de chasseurs-cueilleurs, de paysans, puis de forestiers. Elle a toujours été généreuse. Elle capture le CO_2 et libère de l'oxygène, elle séquestre l'excès de carbone dans le bois et les sols, elle protège de son ombre, elle filtre les eaux, elle favorise les pluies et empêche l'érosion des sols. Pour la faune et la flore sauvages, la forêt est un refuge. Pour le citadin en mal de nature, c'est un havre de paix et de rêves. De ce fait, les solutions possibles pour gérer et conserver ces forêts et leur biodiversité sont nécessairement complémentaires, mais sujettes à de nombreuses polémiques et débats. Lors d'une discussion récente, ma collègue Meriem Fournier résumait d'une formule lapidaire la situation actuelle : « Le problème de nos territoires reste la fracture croissante entre des urbains qui rêvent de forêts en croyant qu'il n'y en a plus, et des ruraux qui ont du mal à prendre soin des leurs tellement y en a. Est-ce que les opposer sur leur définition de la forêt va y changer quelque chose ? » Au moins, trois options sont possibles :

- Limiter rapidement la déforestation des forêts primaires des régions intertropicales, riches d'une incroyable biodiversité et fantastiques machines biologiques à séquestrer le carbone.

- Préserver la forêt boréale.
- Favoriser la reforestation, en renouvelant durablement les forêts secondaires, issues de régénération naturelle puis gérées par l'Homme, en utilisant des essences forestières mieux adaptées à la sécheresse.

En France, les gestionnaires forestiers pratiquent, depuis plusieurs siècles, une gestion durable des forêts domaniales, communales ou privées. La forêt métropolitaine est étendue, variée et plutôt bien gérée. Elle couvre 17 millions d'hectares, soit un tiers du territoire. Sa surface a été multipliée par deux en deux cents ans. C'est une forêt mosaïque, essentiellement composée de feuillus, avec 136 espèces d'arbres. Une large majorité des forestiers gère la forêt sur le long terme, avec la volonté permanente qu'elle perdure et s'enrichisse grâce à la préservation des sols, de l'eau et de la biodiversité. Cette ambition est profondément ancrée dans le code déontologique des forestiers. Ils plantent des arbres qui seront récoltés par leurs arrière-petits-enfants. Ils savent que la forêt rend à la société des services inestimables : des services écologiques, la forêt et le bois constituant notamment d'immenses réservoirs de carbone et de biodiversité ; des services économiques ; des services sociétaux, avec des citoyens de plus en plus nombreux à vouloir profiter, en toute quiétude, de ces espaces naturels.

Cette vision d'une forêt dont la gestion est durable et qui nous rendrait de multiples services écosystémiques et économiques m'a longtemps semblé louable et digne de nos efforts de recherche. Mais, finalement, il s'agit là encore d'une perception utilitariste de la nature. Nous comprenons l'importance de la vie végétale comme jamais auparavant, mais seulement dans la mesure où elle sert nos besoins humains. Dans nos sociétés technologiques, les plantes sont jugées utiles, nécessaires, attrayantes, mais végétant passivement. Certes, elles égayent nos paysages et produisent notre oxygène, mais nous avons perdu le sentiment d'émerveillement et de respect qui leur est dû en tant qu'êtres sensibles, maîtres de leur histoire. Trop souvent encore, les arbres sont considérés comme de simples marchandises. Avec l'écrivain et botaniste anglais Richard Mabey, je m'interroge parfois : est-ce moral de considérer les plantes comme un prolétariat biologique travaillant pour le bénéfice de notre espèce, sans leur accorder le respect qui leur est dû ? Malheureusement, je ne parle pas la langue des arbres. Les mots font défaut pour dire ce qu'ils ressentent.

Depuis l'émergence des forêts, des centaines de milliers d'espèces d'arbres se sont succédé sur les continents. Nombreuses sont celles qui ont disparu dans la nuit des temps lors de cataclysmes géologiques et climatiques, d'autres ont traversé les éons avec succès et constituent les forêts d'aujourd'hui. Elles n'ont d'autres choix que de s'adapter aux changements environnementaux provoqués par l'Homme ou de disparaître. Pour assurer l'avenir des forêts en ces temps de crise, faudra-t-il favoriser des forêts naturelles mélangées, assister la migration des espèces locales vulnérables ou planter de nouvelles espèces exotiques adaptées aux changements climatiques ? Comment répondre à ces injonctions souvent contradictoires ?

En fonction des pays, de leur histoire, de leur culture et des politiques de gestion forestière et de leur perception de la forêt, il nous faudra concilier de multiples approches écologiques. Comme celle de l'écologie de l'obstination visant à préserver ou à restaurer des écosystèmes à forte naturalité et excluant les activités humaines. Cette démarche est prônée dans les grands parcs africains, mais également par le botaniste français Francis Hallé qui appelle à reconstituer une grande forêt primaire en Europe de l'Ouest. Laquelle évoluerait de façon autonome sans aucune intervention humaine. L'écologie de la réconciliation milite, elle, pour des zones protégées, comme nos parcs naturels, où les habitants sont invités à prendre soin ou du moins à faire bon usage de la nature.

Dans ces espaces à forte naturalité, mais en interaction avec les populations locales, la nature peut contribuer au bien-être des populations. Dans cette démarche, la première étape consiste à identifier les bénéfices potentiels qu'offre la nature aux humains. La protection des lieux de pèlerinage, des bois sacrés, des zones de pêche, la fourniture de bois de chauffage et de construction, de plantes médicinales, d'eau pure ou le tourisme « vert » sont de bonnes raisons d'associer les habitants à la protection des régions où la forêt et sa biodiversité sont menacées. D'autres écologues, plus radicaux, considèrent que les humains ont irrémédiablement dégradé la biodiversité et le fonctionnement équilibré des écosystèmes. Notre vocation serait alors de contrôler ces écosystèmes très impactés par les activités humaines en valorisant leur capital naturel résiduel et les services écosystémiques qu'ils sont encore capables de fournir.

C'est l'épopée des arbres, fruits de millions d'années d'évolution mouvementée et confrontés à un futur périlleux, que j'aimerais vous conter dans cet ouvrage. Ce voyage nous mènera à travers les sylves des grands continents forestiers jusqu'au cœur intime des arbres. Il s'agit tout d'abord de répertorier les bouleversements actuellement à l'œuvre dans les forêts, de confronter les résultats issus de la recherche scientifique la plus en pointe et les connaissances anciennes ; de démêler l'écheveau des tendances en apparence contradictoires afin de mieux cerner le degré de certitude des projections pour notre siècle en fonction des différents scénarios climatiques. Puis je relaterai les incroyables ressources déployées par l'Arbre Monde, devenu Arbre-Forteresse, pour s'adapter au monde incertain qui se dessine et se défendre de ses innombrables ennemis. Nous explorerons ainsi les mécanismes sophistiqués développés par les plantes pour résister et s'adapter aux stress climatiques et aux attaques de la multitude d'organismes qui les agressent.

C'est le journal de marche d'un naturaliste qui ne tait rien des doutes qui l'assaillent. Je tenterai de vous faire partager cette tension périlleuse entre le rendu poétique d'un paysage ou d'un arbre et le commentaire scientifique détaillé de ses particularités. Je vous guiderai dans le damier des habitats forestiers, nous franchirons les lisières ouvrant sur des univers où coexistent et s'entremêlent des formes de vies interdépendantes. Au moyen de quel lexique, selon quelle syntaxe suis-je autorisé à rendre compte au plus juste des processus biologiques et écologiques qui animent les arbres et les forêts, la trame invisible des écosystèmes ? Puis-je mélanger les faits scientifiques et les considérations bucoliques teintées d'anthropomorphisme ? Je m'interroge… mais plus que jamais, je suis convaincu que nous avons besoin de la science pour anticiper les conséquences multiples sur les forêts du changement climatique et des autres altérations environnementales et éviter l'effondrement d'écosystèmes entiers ou les extinctions d'espèces. Car la forêt est le manteau de la Terre.

CHAPITRE 1

Vers les cimes

> « La nature a fait tout ce qui était possible, non seulement les chaînes d'êtres entrevues par les naturalistes, mais une infinité d'autres qui se croisent, en sorte que tout est lié dans tous les sens. »
>
> BERNARDIN DE SAINT-PIERRE,
> *Voyage à l'Île-de-France*, 1773

Nous avions passé la nuit face aux montagnes du Haut-Couserans aux confins de la Gascogne pyrénéenne. Protégée par un très vieux frêne, une rustique grange à pas d'oiseau suspendue au rebord du plateau de Cominac nous servait de refuge lorsque les violents orages de juin couraient sur les crêtes du mont Valier et de l'Ariège. Depuis la chaumière, nous partions vers les ports qui parsemaient la frontière ibérique, nous parcourions les piémonts à l'ombre des hêtres à l'épaisse ramure, franchissions les cirques encaissés sur de raides sentiers pierreux avant d'atteindre les pinèdes, les alpages et, enfin, les cols.

En cette belle journée, nous devions rejoindre le Port de Salau, ce col légendaire qui joint la vallée du Haut-Salat au nord et la vallée de la Noguera Pallaresa au sud. Sous la protection des Hospitaliers de l'ordre de Saint-Jean de Jérusalem, ce passage au cœur des montagnes ariégeoises avait vu passer les pèlerins de Saint-Jacques-de-Compostelle. Puis les contrebandiers, les républicains espagnols exilés et les passeurs pendant la Seconde Guerre mondiale l'avaient emprunté à la lumière des étoiles. Après le village de Salau, nous remontions, le long des rives du Salat, une petite vallée sévère. Le chemin, bordé de murs de pierres sèches, était facile à suivre et nous guidait sous les bois dans une sorte de tranchée naturelle, sous des hêtres – des fayards – gigantesques à l'épaisse canopée. La peau recouvrant leur robuste charpente était éclaboussée de lichens. Vénérables, leurs racines noueuses s'enroulaient autour des rochers, puis disparaissaient dans un humus spongieux exhalant de puissants effluves de décomposition et de champignons. Les houppiers laissaient filtrer des jaillissements de lumière verdâtre et étaient traversés d'une ronde sans fin de pinsons et de mésanges. Dans les larges clairières, quelques greniers d'alpage étaient à la tête d'un rayonnage de champs entre les bois et des prairies de graminées – un nuancier apaisant de verts. Puis, l'orée franchie, le chemin grimpait raide à travers les pâquis piquetés d'endémiques jacinthes. Franchissant une haute combe tapissée de pins, il remontait alors le torrent à travers les herbes drues jusqu'au col. De là-haut, nous embrassions la vallée de la Noguera Pallaresa et les pentes boisées de la Roca Blanca et du Tuc de Bonabé. En face, on distinguait clairement le liseré des forêts ondulant sur les gradins de l'amphithéâtre des montagnes, elles envoyaient leurs avant-gardes vers les crêtes.

Les forestiers ont depuis longtemps laissé leurs empreintes sur cet entre-monde boisé reliant Gascogne et Catalogne. Le col garde encore les traces du téléphérique de débardage qui transportait sur des kilomètres les grumes des sapinières du versant catalan, vers la râperie du village de Salau dans le Couserans français. Dans les années 1900, un véritable village voit le jour à Bonabé pour une centaine d'ouvriers – bûcherons et scieurs. On construit au Port de Salau, à plus de 2 000 mètres d'altitude, une longue bâtisse de pierre et, à Salau même, une vaste usine produisant de la pâte à papier. L'épuisement de la forêt, l'usure du câble, la mobilisation des travailleurs pendant la Première Guerre mondiale signent la fin de l'exploitation.

Toutefois, nous ne parcourions pas le sentier sinuant vers le col de Salau et le Pic de Portabère pour exhumer les traces archéologiques de cette aventure industrielle. C'est bien la forêt qui était au centre de cette excursion pyrénéenne. Nous voulions observer et documenter la montée des forêts vers les cimes ! Lors de mes randonnées dans la Vanoise, les Écrins ou le Queyras, j'ai observé à de multiples occasions, et ce dans la plupart des vallées de montagne, la colonisation des prairies alpines par les arbres ; l'orée des bois progresse inexorablement vers les cols et les sommets, dans une stratégie vitale d'adaptation au réchauffement climatique. Pins à crochets, mélèzes, mais aussi sapins et hêtres se déploient sur les hauteurs à l'assaut des pâturages et des steppes alpines, des combes et des éboulis. En remontant les vallons, à l'approche des alpages, j'observe fréquemment des bouquets d'arbres d'âges décroissants dans les rhodoraies situées au contact des massifs forestiers. Mes collègues phytosociologues tentent de deviner le futur de ces hautes vallées montagnardes en étudiant leur passé – ils se concentrent sur les arbres et les plantes des sous-bois et moi, fidèle à ma passion, j'étudie les communautés de champignons. Depuis Alexander von Humboldt, les montagnes sont un terrain de jeu exceptionnel pour les scientifiques. Leurs pentes rassemblent en quelques kilomètres une superposition inouïe de biomes, d'habitats différents, la ceinture alpine représentant l'avant-poste de la vie végétale au-dessus de la limite climatique des arbres. Il s'agit de « *hotspots* » de biodiversité, dont les espèces sont très souvent isolées les unes des autres par les vallées et les pays d'en bas, se comportant ainsi comme des îles dans le ciel.

Mais les forêts et leurs cortèges de plantes, animaux et microbes ont-ils vraiment entamé leur lente migration vers les cimes au cours des dernières décennies afin de conserver un environnement optimal ? Pour connaître la réponse à cette lancinante question, il nous faut interroger l'écologie historique. Il s'agit d'une discipline scientifique, mal connue, mais fascinante, capable de reconstruire la composition et le fonctionnement des écosystèmes disparus. Elle emprunte les chemins du passé, elle navigue sur l'écume du temps, elle exhume des écosystèmes évanouis. En effet, les temps anciens ont marqué de leur empreinte notre présent et les temps actuels détermineront le futur de notre biosphère. Les climats d'antan – y compris ceux qui ont précédé l'avènement de l'Homme – ont mené génération après génération à la biodiversité actuelle. Les milliers d'espèces qui peuplent les forêts d'aujourd'hui sont l'héritage des temps passés, de l'érection des montagnes à la fonte des glaciers, des sécheresses prolongées aux essartages des moines cisterciens. Au fil des millénaires, elles se sont adaptées aux nouvelles circonstances environnementales. Alors que des milliers d'autres espèces s'évanouissaient à tout jamais. Comme des détectives, les archéologues des forêts utilisent le faisceau d'indices laissé par les êtres d'autrefois pour dessiner les contours des forêts d'antan. Comme de nombreux autres écologues de par le monde, ils concentrent leurs recherches sur l'impact du réchauffement climatique sur la végétation des montagnes. En effet, le gradient de température y est très fort, en moyenne une baisse de 0,6 °C pour 100 mètres d'altitude. L'augmentation de la température de l'air de 0,36 °C par décennie observée en

Europe depuis 1970 a provoqué une montée des isothermes de plusieurs dizaines de mètres dans les massifs montagneux de l'arc alpin. Les printemps et les étés sont de plus en plus chauds. L'intensité des précipitations, la couverture neigeuse et la surface des glaciers ont considérablement varié dans les Alpes, mais aussi dans tous les massifs montagneux à travers le monde. Chaque espèce de brin d'herbe, de fleur, de buisson ou d'arbre s'épanouit et se perpétue dans une niche écologique définie par la température de l'air, la pluie, la lumière, le sol, les saisons, et bien d'autres facteurs environnementaux, son « enveloppe écologique » dont j'ai déjà mentionné l'étroitesse. Si ces conditions critiques changent, les plantes et leur cortège d'insectes et de microbes se déplacent de génération en génération afin de conserver leur habitat optimal, leur niche écologique. Il existe donc un lien très étroit entre température moyenne, amplitude des précipitations et étagement de la végétation en altitude. Dans un mouvement imperceptible à l'œil l'humain, l'optimum altitudinal des espèces végétales s'est élevé de 120 à 150 mètres sur les deux à trois dernières décennies. Au printemps, les arbres débourrent et fleurissent plus précocement, alors que papillons et reptiles s'éveillent de leur sommeil hivernal de plus en plus tôt.

En parcourant les Alpes et les Pyrénées, on constate dans toutes les vallées que la végétation forestière – mousses, fougères, herbes, arbustes et arbres – est bien montée en altitude. En ces temps de guerre climatique, les plantes aussi prennent le chemin de l'exode. En décortiquant près de 8 000 inventaires floristiques réalisés, entre 1905-1985 et 1986-2005, dans les montagnes françaises de la Corse aux Vosges en passant par les Alpes et les Pyrénées, Jonathan Lenoir, Jean-Claude Gégout et leurs collègues d'AgroParisTech ont étudié la remontée altitudinale des espèces végétales forestières en contexte de réchauffement climatique. Ils ont ainsi mesuré le déplacement de l'optimum écologique de 171 espèces végétales forestières depuis l'étage méditerranéen jusqu'à l'étage subalpin, soit 2 600 mètres de dénivelé. Entre les deux périodes étudiées, le déplacement moyen de l'optimum altitudinal des plantes étudiées représente une remontée de 65 mètres, soit une moyenne d'environ 30 mètres par décennie. L'élégante pirole unilatérale, le gaillet à feuilles rondes, la laîche digitée ou la dentaire pennée que j'aime prendre en photo le long des sentiers forestiers « grimpent » allègrement le long des pentes. En revanche, les arbres et les arbustes, comme le noisetier et le charme, semblent plus lents dans leurs migrations. Ils prennent leur temps ! La durée du cycle de vie semble influencer l'intensité des migrations observées, de façon d'autant plus importante que ce cycle est court – en d'autres termes, les plantes annuelles qui produisent une myriade de graines sont favorisées. Sur les pentes du magnifique mont Gongga culminant à 7 556 mètres dans le massif du Hengduan dans le Sichuan, les plantes herbacées les plus lestes, comme certaines espèces de renoncules et de saxifrages, produisent des noix, des akènes ou des baies. Elles se déplacent de près de 4 mètres par an !

Ces déplacements d'espèces vont provoquer de forts remaniements dans les combinaisons d'espèces. Par exemple, le gui, cette plante parasite bien connue avec ses grosses boules vertes colonisant les branches des arbres, montre aussi des déplacements d'aire de répartition importants. Dans le Valais suisse, l'écologue Matthias Dobbertin de l'Institut fédéral de recherches sur la forêt, la neige et le paysage (WSL) a montré que cette espèce a progressé sur les pins sylvestres de 200 mètres en altitude, de 1 050 à 1 250 mètres, entre 1910 et la fin du XXe siècle.

Ces résultats impressionnants sont confirmés par l'étude de centaines d'espèces de fleurs alpines vivant au-dessus de la limite des forêts. C'est un étage montagnard riche d'une biodiversité floristique extraordinaire. Dans les régions alpines des Andes tropicales (le páramo), du Pamir et de l'Altaï entre 486 et 543 espèces de graminées, plantes herbacées et d'arbustes nains sont répertoriées. Dans nos montagnes des Alpes, près de 400 espèces cohabitent malgré des conditions particulièrement rudes. La remontée de l'orée des forêts pousse ces plantes alpines dans leur pérégrination vers les hauteurs – acculées par les arbres à coloniser l'univers minéral des éboulis. Par exemple, dans les Alpes suisses, une remontée de 28 mètres par décennie de la distribution altitudinale des espèces végétales des pelouses alpines a été mesurée. Dans les montagnes de Scandinavie, de Sibérie, du Tibet, du Sichuan, du

Yukon et d'Alaska, la composition de la flore change également très rapidement. Les bouleaux, les saules et les épinettes colonisent la toundra et les prairies alpines, bouleversant les paysages et le fonctionnement des écosystèmes. Comment la richesse exceptionnelle de ces zones alpines, prisonnière entre la ceinture forestière et le monde des rochers, des neiges éternelles et des glaciers, va-t-elle évoluer ?

Je suis depuis longtemps passionné par les expéditions d'Alexander von Humboldt qui, le premier, nous a révélé l'interdépendance du monde vivant et de son environnement – « tout est relié par des milliers de fils », écrit-il. Son ascension du volcan Chimborazo (6 268 mètres) en Équateur, accompagné du botaniste français Aimé Bonpland, a fait rêver des générations de naturalistes. En 1802, il transforme l'ascension du volcan en une expédition botanique et réalise un inventaire détaillé de la flore des différentes zones de végétation traversées – des luxuriantes plantes tropicales léchant les flancs de la montagne aux lichens couvrant les rochers immergés dans les neiges éternelles. Probablement pour la première fois, un scientifique esquisse la distribution des plantes selon leur environnement et le climat – c'est le *Naturgemälde* de Humboldt, une description révolutionnaire « écologique » du monde végétal. En juin 2012, l'équipe de Naia Morueta-Holme de l'université de Aarhus, au Danemark, parcourt les pentes du Chimborazo afin d'évaluer les changements dans la distribution altitudinale de la flore deux cent dix ans après l'expédition

Humboldt. Ils échantillonnent les plantes tous les 100 mètres entre 3 800 et 5 200 mètres. Leurs résultats confirment les bouleversements majeurs dans la distribution des communautés végétales, même si les données de Humboldt et Bonpland sont parfois imprécises. Les glaciers couvrant le sommet ont considérablement reculé et la limite de végétation est désormais à 5 185 mètres, soit plus de 500 mètres plus haut qu'en 1802. Là-haut, les lichens ont cédé la place aux pentacalies et aux petites draves vivaces des rochers et rocailles. En moyenne, les espèces inventoriées ont migré de plus de 300 mètres en altitude. C'est considérable ! Cette altération majeure de la répartition de la flore résulte d'une conjonction de facteurs incluant l'augmentation de la température moyenne annuelle, le changement du régime des précipitations, mais aussi l'intensification de l'agriculture sur les pentes du volcan. En 1802, les champs étaient rares au-dessus de 3 000 mètres, ils couvrent désormais l'essentiel du territoire jusqu'à 3 800 mètres.

Accompagnant les changements floristiques, la composition de la faune et des communautés microbiennes est également soumise à des transformations majeures. En marchant sur les sentiers de montagne, j'avais bien perçu les changements dans la distribution des arbres et des champignons, mais mon ignorance du monde des insectes m'avait rendu aveugle à l'impact du dérèglement climatique sur ce peuple de bestioles rampantes et volantes.

L'ensemble de massifs montagneux formant l'Arc alpin qui traverse l'Europe est certainement le plus étudié au monde. Une équipe européenne d'écologues, menée par Yann Vitasse de l'Institut fédéral de recherches sur la forêt, la neige et le paysage (WSL), à Zurich, en Suisse, vient de publier une compilation des changements saisonniers et des déplacements en altitude de plus de 2 000 espèces de plantes, animaux et champignons vivant dans les Alpes. Ces travaux confirment que les espèces alpines ont une activité saisonnière bien plus précoce et une nette montée en altitude de leur distribution, mais la vitesse de déplacement moyenne, variable selon les espèces, se situe bien souvent en deçà de la vitesse actuelle du réchauffement climatique. Au cours de leur migration, les plantes entraînent dans leur sillage leur cortège de pollinisateurs et d'insectes commensaux. L'élégant nacré subalpin, ce petit lépidoptère typique des gazons alpins, papillonne sur l'arnica des montagnes toujours plus haut en altitude. Quant au sablé azuré du sainfoin qui virevoltait dans les prairies de basse et moyenne altitude, il s'observe de plus en plus haut dans le massif alpin. Le magnifique grand mars changeant avec ses superbes reflets bleutés butine le long des sentiers forestiers un mois plus tôt qu'au début du siècle. Quelle surprise de découvrir que même les bousiers étaient affectés par le réchauffement climatique. En effet, ces coléoptères coprophages si amusants à regarder faire rouler leurs pelotes de bouse ont dû migrer de plusieurs centaines de mètres vers les sommets des montagnes du Mercantour et de la Sierra Nevada. Cet exode pourrait bien avoir des conséquences désastreuses pour ces scarabées ; l'entomologiste Pierre Jay-Robert de l'université de Montpellier craint d'ailleurs que plusieurs espèces soient menacées ou deviennent rares. La situation est encore plus critique pour les habitants des mares et des lacs de montagne. Crapauds, grenouilles et libellules sont irrémédiablement bloqués dans leurs petits mondes aquatiques. Pas d'exode possible !

Les espèces de champignons, tels que les cortinaires, formant des symbioses ectomycorhiziennes avec les racines sont favorisées par l'expansion de leurs arbres hôtes, au détriment des symbiotes alliés aux rhododendrons et autres arbustes des zones alpines. Plusieurs études conduites en Europe et en Amérique du Nord ont permis d'évaluer l'effet du réchauffement climatique sur les communautés de champignons forestiers. Le travail le plus complet est certainement celui de mes collègues suisses du WSL. Grâce à un inventaire mycologique de plus d'une trentaine d'années, le microbiologiste Simon Egli et son équipe ont montré que le nombre d'espèces recensées dans la réserve forestière de La Chanéaz, sur le plateau jurassien, était passé de 1 300 par année, de 1975 à 1990, à 2 730, de 1991 à 2006. La fonge – la communauté des champignons – semble s'être diversifiée. Toutefois, les poussées de champignons, qui se succèdent d'août aux premières neiges, sont retardées de dix jours par rapport à 1991 car les étés sont plus chauds et plus secs.

Les champignons symbiotiques ectomycorhiziens et les décomposeurs mangeurs de litière accompagnent leurs arbres-hôtes dans leur marche vers les sommets. Tricholomes, cortinaires, russules, lactaires, mais aussi mycènes, coprins et clitocybes se sont déplacés d'une vingtaine de mètres par décennie entre 1960 et 2010. Pas de doute, les coins à champignons favoris de votre grand-père ont disparu. Ces grands bouleversements climatiques affectent tout autant le monde invisible des microbes, mais les études sont encore trop peu nombreuses. Nous savons que la fonte des neiges au printemps déclenche une transition abrupte dans la composition des communautés microbiennes du sol des prairies alpines. Elle est étroitement liée à des changements dans la composition chimique et le fonctionnement microbien du sol. La fonte des neiges désormais plus précoce favorise cette transition saisonnière rapide des communautés microbiennes avec des conséquences sur le long terme qui nous échappent encore.

Malgré son amplitude, le mouvement observé de nombreuses espèces végétales vers les hauteurs ne représente que la moitié de la distance prédite par l'augmentation de la température. Les communautés végétales ont bien perçu le réchauffement climatique, leur phénologie (débourrement, floraison) et leur diversité sont profondément modifiées ; elles ont entamé leur migration, mais elles prennent un retard évident sur la hausse des températures. Ce décalage croissant est appelé la « dette climatique » par les écologues. L'accroissement de cette dette risque de perturber fortement le fonctionnement des communautés végétales de montagne et leur biodiversité au fur et à mesure de la progression des dérèglements du climat. Elles seront exposées de plus en plus souvent aux sécheresses prolongées et aux vagues de chaleur, mettant en péril l'équilibre de ces écosystèmes montagnards particulièrement fragiles.

Cette course des plantes et de leur cortège de microbes et d'insectes vers les cimes est manifestement l'un des effets du dérèglement climatique. Toutefois, plusieurs écologues notent judicieusement que bien d'autres facteurs, comme la pression touristique et la déprise pastorale qui sévissent dans ces hautes vallées, jouent un rôle important dans cette modification des communautés végétales montagnardes. Dans de nombreux massifs montagneux, ces événements sont concomitants. Afin de démêler l'écheveau des causes possibles, les scientifiques tentent de collecter des données anciennes fiables sur l'histoire des hautes vallées pour pouvoir séparer le signal climatique des autres facteurs de changement dans les évolutions observées des forêts et des alpages. Grâce à l'étude des communautés végétales (la phytosociologie), des cernes des arbres (la dendrochronologie), des registres historiques et géographiques et même des restes de charbon de bois (l'anthracologie), l'écologue Jean-Luc Dupouey et ses collègues de l'Inrae de Nancy ont réussi à caractériser la dynamique de ces forêts d'altitude dans de multiples vallées des Alpes et des Pyrénées. Ils ont daté avec une grande précision l'âge d'installation de chaque arbre dans les nouveaux peuplements d'altitude. Jean-Luc est convaincu que la forêt que nous connaissons aujourd'hui a été repoussée plusieurs centaines de mètres plus bas que sa limite climatique possible. Les activités agricoles, telles que le pastoralisme intensif du XIXe siècle, ont remplacé les arbres par les pâturages. Dans les Pyrénées, nos collègues de l'université de Toulouse ont mis au jour et daté des charbonnières localisées dans les prairies subalpines encore exploitées, bien au-dessus de la limite actuelle des forêts. Elles étaient utilisées pour produire du charbon pour la métallurgie au haut Moyen Âge. Il est clair que le recul spectaculaire du pastoralisme de montagne a favorisé et amplifié le retour des friches arbustives, puis des arbres isolés, puis des bosquets et enfin des forêts.

Dans certains massifs, la colonisation récente des alpages par les arbres ne serait donc qu'une reconquête des territoires autrefois perdus par la forêt. Elle pourrait bien être accélérée par le réchauffement climatique. En effet, elle est bien loin l'époque de la transhumance pastorale qui menait le long des drayes des dizaines de milliers de moutons vers les estives, alpages et chaumes des Pyrénées, des Causses, des Alpes ou des Vosges. Partout, les vallées se sont refermées. De longs tentacules de forêt étouffent désormais le fond des vallons et s'étirent vers les cols. « La montagne est salie », s'emportent les bergers que je croise sur les sentiers de randonnée. Il faut les comprendre.

Après tout, les montagnes au-dessus des nuages sont leur monde, ils sont les héritiers de millénaires de labeur acharné, passés à défricher les sylves sauvages hantées par les démons, à protéger leurs troupeaux des fauves et à entretenir les chemins de pierre reliant les vallées. Perché sur les cols, là-haut, je ne me lasse pas d'admirer l'alp, cette montagne modelée par des générations d'éleveurs paysans et de bergers. Je ressens un attachement profond pour ces paysages tendus vers le ciel, avec leurs mosaïques de bois, de pâturages, de cabanes, de lacs, de steppes, de pierriers… Les montagnards et leurs troupeaux ont sculpté cette multiplicité d'écosystèmes, riches de leur entremêlement. Dans le même temps, je suis fasciné par la formidable capacité de la nature à reprendre ses droits partout où la reconquête est possible. Il suffit d'un jardin abandonné, d'une friche, d'un vallon inhabité, pour voir le végétal se déployer et envahir le vide laissé par l'humain. Cette exubérance botanique est pleine d'espoir pour le futur de la biosphère. Si, un jour prochain, nos sociétés technologiques acceptaient enfin de vivre en équilibre avec l'environnement naturel, j'ose espérer que quelques centaines d'années suffiraient pour effacer les traces de nos abus. Reste que les dépôts radioactifs dans la fosse des Casquets au large du Cotentin ou les sols pollués par les déchets industriels affecteront la vie de milliers d'organismes pendant des millénaires.

Mais, en plaine, la situation est plus inquiétante. Les plantes auraient dû migrer d'environ 200 km vers le nord pour conserver leur environnement écologique optimal. Ce n'est évidemment pas le cas. Nos belles hêtraies et chênaies ne sont pas encore parties se réfugier vers des régions plus fraîches ! Les obstacles à la migration en plaine sont trop nombreux. Les massifs forestiers sont fragmentés, isolés les uns des autres. La migration des plantes, assurée par la dissémination des graines, est bridée par des barrières infranchissables : les grandes cultures, les zones urbaines. Afin de faciliter la migration des plantes et des animaux, il est indispensable de mettre rapidement en place des trames vertes et des corridors écologiques.

Plus surprenant, les scientifiques ne se contentent pas de mettre en évidence la migration des plantes vers les plus hautes altitudes, ou du sud vers le nord des territoires étudiés. Ils observent également une adaptation « sur place », sans migration globale en altitude ou vers le nord. En effet, dans beaucoup de massifs forestiers étendus, on trouve des milieux contrastés avec des écarts de température importants – des versants ensoleillés et secs ou des vallons froids et humides. Il suffit parfois de translations modestes entre ces habitats locaux aux conditions climatiques diversifiées pour que l'adaptation au réchauffement puisse se faire, sans qu'il y ait de grandes migrations apparentes.

CHAPITRE 2

La nostalgie d'une forêt immémoriale

> « Les racines se demandent s'il faut ainsi s'accoupler au sol.
> Au milieu de la nuit l'une sort de terre pour écouter les étoiles et trembler. »
>
> JULES SUPERVIELLE, « Âge des cavernes »

Ces derniers jours, des dépressions polaires avaient déferlé avec violence sur l'immense barrière rocheuse de la chaîne d'Alaska, surfant sur la mer de Beaufort et franchissant le cercle arctique tout proche. Des pluies incessantes avaient gonflé les eaux de la rivière McKinley qui grondait à en contrebas du sentier que nous parcourions. Chacun de nos pas s'enfonçait profondément dans les sphaignes et les lichens gorgés d'humidité, libérant aussitôt des tourbillons de moustiques. Les rayons d'un soleil timide tentaient de s'accrocher aux laîches et aux saules nains qui bordaient la trace à peine visible. Nous serpentions ainsi entre les tourbières sur les contreforts sédimentaires du mont Denali, la plus haute montagne d'Amérique du Nord. Le plus souvent, le sommet du géant, nimbé d'épaisses volutes de nuages, échappait au regard. Soudainement, les nappes nuageuses se déchiraient et laissaient entrevoir le pic sommital culminant à plus de 6 000 mètres avec son collier de glaciers. L'image de cette magnifique montagne enneigée trônant au milieu des vastes étendues de la toundra est saisissante.

Quittant l'entrelacs de tourbières et de ruisseaux, nous venions enfin de franchir la lisière de la forêt sur les traces d'une harde de caribous. J'étais enchanté de pouvoir enfin m'enfoncer dans la fameuse forêt boréale, la taïga – archétype universel du « Grand Nord sauvage ». C'est le royaume des conifères. Les épinettes noires et blanches, les sapins, les pins et les mélèzes recouvrent par milliards ces confins du monde au climat extrême, aux longs hivers et aux vents violents. Ces arbres sont particulièrement bien adaptés au rigoureux climat boréal. Leur forme conique limite l'accumulation de neige sur leurs branches en hiver, de sorte qu'elles ne se brisent pas sous son poids. Leurs étroites aiguilles d'un vert sombre sont couvertes d'une épaisse cuticule de cire les protégeant contre les vents secs venant du Nord. Dispersés parmi les résineux, les peupliers faux-tremble et les bouleaux illuminaient de leur écorce claire cette sombre forêt. Nous foulions un épais tapis blanchâtre tissé de mousses, de lichens des caribous et d'aiguilles décomposées. Cachés derrière les vieux arbres noueux, c'était un ravissement d'observer des cohortes d'oiseaux – mésanges, roitelets, gros-becs ou bruants – picorer les baies aux couleurs vives des bleuets, des cornouillers et des chèvrefeuilles du sous-bois. Nous espérions que les clochettes, accrochées à nos sacs à dos, signaleraient notre présence aux quelques grizzlis qui rôdaient en quête de myrtilles dont ils se gavent. Malgré tout, je crois que rien n'aurait pu troubler le sentiment de plénitude qui nous envahissait en parcourant les immenses espaces de cette forêt encore sauvage.

De nos jours, la taïga ourle de ses étendues infinies de conifères le cercle polaire de l'Alaska au Québec, de la Laponie à la Sibérie. C'est la plus vaste continuité boisée de la planète qui occupe à elle seule 10 % des terres émergées, un tiers des forêts mondiales. Cette immense forêt circumpolaire constitue l'un des plus vastes écosystèmes forestiers de la planète. Elle abrite des milliers d'espèces sauvages, adaptées à des conditions climatiques extrêmes, hivers longs, très froids et secs et étés courts, frais et humides. Quotidiennement, Borée* chevauchant le vent du nord file sur la steppe arctique et la toundra avant de s'engouffrer dans la grande forêt où il s'amuse à ébouriffer la cime des résineux. Les arbres de la forêt boréale sont relativement

---

* En grec ancien *Βορέας* (Boréas), littéralement « vent du Nord ».

jeunes car les perturbations naturelles y sont fréquentes. Sur certaines îles lacustres, on découvre parfois des forêts isolées qui ont plus de 500 ans. Toutefois, la taïga est parcourue par de vastes incendies, déclenchés par la foudre, survenant tous les 100 à 200 ans. Ces feux de végétation naturels créent de vastes clairières vite recolonisées par les germinations issues d'une multitude de graines libérées des cônes par le passage du feu. Quand les arbres sont épargnés par les flammes, ils succombent aux infestations d'insectes qui causent régulièrement des défoliations massives des forêts d'épinettes et de pins.

Les chasseurs-trappeurs athapascans parcourent la forêt de cette région reculée du Grand Nord depuis des centaines de générations et se transmettent les meilleurs lieux de chasse. La tradition orale laisse penser que la Grande Forêt a toujours été là pour nourrir les tribus et abriter les esprits. Pourtant, la surface couverte par la taïga n'a cessé de s'étendre ou de refluer au cours des millénaires. Croire que la forêt est immémoriale est une illusion – elle est en perpétuel changement, la forêt est nomade.

Les grands biomes ou écorégions terrestres – toundra, taïga, savane, steppe, prairie, forêt caducifoliée ou sempervirente, désert – sont les enfants du climat. Reconstruire l'histoire de ces paysages impose de reconstituer l'histoire des climats anciens qui ont toujours été marqués par des fluctuations de grande ampleur. Il y a 5 000 ans, la limite septentrionale de la forêt boréale se situait bien plus au nord qu'aujourd'hui en raison de périodes climatiques plus douces. En revanche, il y a 21 000 ans, apex de la dernière glaciation continentale, presque toute la région boréale et le nord du continent américain étaient recouverts de glaciers. À la suite d'un réchauffement climatique entraînant la fonte de ces glaciers, les arbres ont alors reconquis ce vaste territoire. La taïga nord-américaine avec ses arbres et ses plantes de sous-bois typiques, bien adaptés à un climat rude, est un paysage forestier qui n'a que quelques milliers d'années. Au contraire, au Pliocène, il y a 5,3 à 2,6 millions d'années, la taïga couvrait des étendues encore plus vastes qu'aujourd'hui, elle s'étendait bien au-delà du cercle polaire. Le climat de la Terre était plus chaud qu'aujourd'hui, de 3 à 4 °C. Dans les régions polaires, la température était alors supérieure de 20 °C. Les fossiles de plantes découverts en 1851 dans les tourbières et les sédiments de l'île de Banks par les membres de l'équipage du HMS *Investigator* cherchant le fameux passage du Nord-Ouest nous révèlent que l'arctique canadien était alors recouvert de vastes forêts de pins, d'épicéas, de pruches et de mélèzes, parsemées de noisetiers et bouleaux. La taïga s'épanouissait là où la toundra et le désert polaire dominent désormais. Les ours, les blaireaux et les castors peuplaient les sous-bois touffus. Après avoir reflué vers le sud au cours des derniers millénaires, il est vraisemblable que la taïga circumpolaire recolonise ces étendues glacées dans les prochaines décennies à la suite de la remontée brutale des températures. Chassée au sud par la poussée des forêts tempérées de feuillus, la forêt boréale pourrait bien se réfugier en Hyperborée et dans les montagnes. Nous avons la nostalgie de forêts immuables mais, depuis qu'elles existent, les arbres ont toujours été de grands nomades alors qu'à nos yeux, ils restent figés, leurs racines ancrées au sol qui les a vus germer.

On s'inquiète légitimement de la rapidité du dérèglement climatique et de l'intensification des activités humaines sur l'avenir de nos forêts et la biodiversité qu'elles hébergent. Mais, après tout, disent les climatosceptiques, les forêts boréales, tempérées et tropicales n'ont jamais cessé d'évoluer, de se transformer, de s'étendre ou de se contracter depuis leur émergence il y a plus de 390 millions d'années. Les hautes futaies de chênes et de hêtres où vous aimez vous promener sont loin d'être immuables et ont peu à voir avec la taïga qui couvrait le nord de la France il y a encore quelques millénaires. En effet, les paysages forestiers de nos régions ont eux aussi considérablement changé au cours des siècles passés. Le problème est la vitesse du réchauffement climatique actuel : il est des dizaines de fois plus rapide que les événements naturels passés. Le temps d'adaptation des forêts n'a rien à voir avec celui des hommes, il se compte en centaines d'années.

Au contraire de la taïga alaskienne ou sibérienne, les forêts européennes sont très jeunes. En effet, les forêts âgées sont rarissimes : 0,7 % des forêts européennes, localisées surtout dans les régions boréales (Norvège, Finlande) et alpines, mais aussi sur les îles de Macaronésie (Madère, Canaries, Açores). Ces formations boisées âgées couvrent moins de 5 500 hectares sur les 17 millions d'hectares de la forêt métropolitaine. Si vous aviez l'intention de vous perdre au cœur de Brocéliande parmi ses chênes vénérables encerclant de leur tronc gigantesque la cabane de l'Enchanteur Merlin, votre quête est sans espoir. Cette forêt mythique n'existe plus, ni en Bretagne, ni dans le reste de l'Europe. D'après les chroniques, le bois ténébreux du monde arthurien ressemblait à ce que nous nommerions aujourd'hui une forêt primaire. C'est la forêt ancestrale que le botaniste Francis Hallé appelle de ses vœux : mythique, elle n'aurait jamais connu la hache du bûcheron, vierge de toute exploitation, elle aurait échappé à l'influence prédatrice de l'humain. Les forêts avec des arbres à forte maturité sont rares, pas celles à longue continuité de l'état boisé. Pour beaucoup de forestiers, « une forêt ancienne est un ensemble boisé n'ayant pas subi de défrichement depuis le minimum forestier », c'est-à-dire dans la première moitié du XIXe siècle. On considère alors qu'entre ces deux dates, 1850 et aujourd'hui, il a existé une continuité de l'état boisé, sans changement d'affectation du sol.

C'est mon collègue Jean-Luc Dupouey, écologue forestier, qui m'a éclairé sur ces définitions. On distingue deux notions :

- la continuité de l'état boisé : depuis combien de temps une forêt n'a pas été déboisée pour mise en valeur autre que forestière (par exemple, l'agriculture) ? C'est ce qu'on appelle l'ancienneté de

l'état boisé, en distinguant les forêts anciennes et récentes.
- l'âge des arbres et du peuplement : sont-ils âgés ou jeunes ? C'est ce qu'on appelle la maturité.

Ces deux qualités, qui contribuent à la naturalité d'une forêt de façons très différentes, sont largement indépendantes. Après une coupe dans une forêt de montagne, la régénération naturelle ou une plantation donne une forêt très jeune en âge, mais ancienne en continuité de l'état boisé.

On a tendance aujourd'hui à appeler « vieilles forêts » celles qui sont à la fois anciennes et matures. Forêt âgée n'est donc pas synonyme de forêt primaire. En Angleterre, une seule forêt ancienne est restée à l'état naturel, sans défrichement puis régénération, depuis l'an 1600 – il va sans dire qu'elles sont exceptionnellement rares. Pour les forestiers canadiens, une forêt est considérée comme « ancienne » si elle a une origine lointaine et qu'elle est peu affectée par l'Homme, si elle comporte des arbres dominants plus que centenaires, si on y trouve simultanément des arbres jeunes, matures et sénescents, de gros débris de bois mort au sol et enfin si elle abrite des essences ombrophiles caractéristiques. En fait, la définition d'une forêt ancienne varie selon son type – boréale, tempérée ou tropicale – et son contexte biogéographique. Ainsi, une forêt où la plupart des arbres dominants ont plus de 700 ans sera désignée comme ancienne dans la forêt tropicale humide, alors que, dans la taïga sibérienne, une bétulaie dominée par des bouleaux d'« à peine » 180 ans sera considérée comme très ancienne.

En Europe de l'Ouest, les forêts à forte naturalité sont désormais très rares et la forêt primaire n'existe plus que dans l'imaginaire des hommes. Certains botanistes aspirent à réserver quelques arpents de notre vieux continent pour y recréer une forêt primaire que nous laisserions évoluer, livrée à elle-même, pendant les mille prochaines années pour « devenir un sommet de biodiversité ». C'est un rêve magnifique, mais trompeur. Par définition, cette forêt ne sera jamais primaire. Dans les ouvrages de base en écologie, primaire implique « qui se développe avant toute perturbation d'origine humaine ». L'absence de perturbation humaine initiale est un trait commun à toutes les définitions du mot. Une forêt qui se développera en libre évolution après déboisement d'origine humaine sera, par définition, une forêt secondaire. On peut recréer des forêts à forte naturalité, ou qui ressemblent à des forêts primaires, mais pas des forêts primaires.

Prédateur, le monde supposé civilisé n'a cessé de gagner sur la forêt primordiale, celle des enchanteurs et des elfes, mais aussi des loups, des ours et des bisons. Clairières, villages, places fortes, ermitages, monastères, palais, jardins, verreries et grandes cultures ont raboté siècle après siècle les limites des profondes forêts. Malheureusement, le royaume des arbres a trop longtemps représenté un repoussoir – un monde inconnu, magique et périlleux – à éviter ou à réduire. Seuls les chevaliers héroïques osaient s'y aventurer pour prouver leur vaillance ou déposer un baiser sur les lèvres de la belle princesse endormie.

De nos jours, une moitié des forêts françaises est issue du reboisement de parcelles agricoles – anciennes cultures, prairies ou vignobles – laissées à l'abandon depuis le minimum forestier daté aux environs de 1850. Alors les massifs forestiers ne couvraient plus que 15 % du territoire national contre 31 % aujourd'hui. C'est pourquoi la plupart de nos forêts métropolitaines sont jeunes. La forêt française a subi plus de huit mille ans de déforestation et à peine cent soixante-dix ans de reboisement. La forêt immémoriale n'est donc que la nostalgie d'un passé très ancien…

Laissez-moi vous raconter l'histoire mouvementée de nos paysages depuis que les hommes les parcourent et même avant l'aube de l'humanité. Nous allons remonter le temps afin de parcourir les vastes forêts qui couvraient notre continent au Néolithique avant de faire un bond de près de 100 millions d'années quand les arbres à fleurs ont submergé les arbres à cônes au Crétacé. En effet, appréhender le présent impose de le remettre en perspective avec les chemins d'évolution du passé. En étudiant la dynamique passée et actuelle des écosystèmes et des paysages, nous devrions pouvoir prédire leur dynamique, en lien avec celle des sociétés humaines et les changements environnementaux.

Que sait-on du climat du passé ? Au cours des deux derniers millions d'années, notre monde a connu une alternance de périodes glaciaires et interglaciaires.

Ces cycles se succédaient environ tous les 40 000 ans, mais, depuis environ un million d'années, les glaciations sont devenues plus intenses et plus longues, leur durée atteignant cent mille ans. La dernière glaciation a culminé il y a environ 20 000 ans et s'est achevée il y a environ 12 000 ans, au moment où débute l'Holocène, la période géologique actuelle, au cours de laquelle l'Homme est devenu sédentaire et les civilisations actuelles se sont développées. Au cours des derniers millénaires, les paysages du continent européen, et de la France en particulier, ont donc profondément changé : les mers se sont retirées dessinant d'autres rivages, les rivières et les fleuves ont modifié leur cours et entaillé de nouvelles vallées, de grands lacs ont disparu et les forêts ont recolonisé les steppes glaciales. Les paysages anciens, les parcours de chasse et les sites de pêche ancestraux se sont peu à peu effacés de la mémoire des tribus humaines après la récession des immenses glaciers qui couvraient le nord de l'Europe et les montagnes de l'arc alpin. Pour retrouver la mémoire de ces paysages d'autrefois, nous n'avons d'autre choix que de récolter et étudier les pollens de fleurs depuis longtemps fanées, piégés dans les tourbières. En évoquant ces traces éphémères du passé, nous cartographions les mondes disparus pour tenter d'anticiper notre avenir. Avec l'aide des palynologistes, des paléobotanistes et des climatologues, l'écologue plonge dans le passé pour deviner un futur incertain.

Quoique les paysages forestiers aient beaucoup changé au cours des derniers millénaires, les espèces d'arbres que nous rencontrons dans les forêts européennes aujourd'hui étaient toutes présentes en Europe et autour de la Méditerranée il y a 2,5 millions d'années, lorsque les dernières grandes glaciations ont affecté notre continent. De multiples épisodes glaciaires intenses, séparés par des périodes interglaciaires, se sont succédé avec des écarts de température moyenne annuelle de l'ordre de 5 à 10 °C. Afin de rester dans leur enveloppe écologique, les essences sylvicoles se sont déplacées du nord au sud et d'altitude vers les plaines et vice versa – de véritables migrants se déplaçant au gré des évolutions cycliques du climat depuis les rivages de l'Atlantique jusqu'aux montagnes de l'Oural, de la péninsule balkanique jusqu'à la toundra arctique. Ce nomadisme des arbres avec leur cortège de plantes, d'animaux et de microbes a parfois provoqué des tragédies, des lignées entières pouvant disparaître sous les vagues de froid glacial quand elles ne pouvaient plus fuir, incapables de franchir les chaînes de montagnes ou la Méditerranée. Heureusement, de nombreuses espèces ont survécu et se sont adaptées aux nouveaux climats grâce à un brassage génétique avec les lignées proches, rencontrées lors de leur migration – la cohabitation pendant des millénaires des différentes lignées a facilité l'émergence d'essences hybrides mieux adaptées aux nouvelles régions et conditions climatiques.

En Europe, la fonte des puissants glaciers du Würm et du Vistulien fait naître un paysage de toundra. Au Magdalénien, il y a 14000 ans, le climat dans le nord de la France est encore très froid. À l'Holocène, on observe le retour d'un climat plus doux (de l'ordre de 4 à 5 °C), qui est resté globalement stable depuis environ 12 000 ans, malgré des fluctuations locales. Les landes arctiques cèdent la place à une steppe parsemée de petits pins sylvestres et de bouleaux. Le climat s'améliore encore et les forêts de pins et de bouleaux s'étendent pour occuper de vastes territoires. Le noisetier se développe et prépare la venue de la chênaie mixte avec son cortège de chênes, puis l'orme et, enfin, le hêtre. Dans les zones montagneuses, comme les Vosges, où le climat est plus froid, la hêtraie-sapinière s'installe. À quoi ressemblait la forêt primaire en Europe occidentale avant les grands défrichements menés par les communautés humaines du Néolithique à la révolution industrielle ? L'hypothèse d'une immense forêt primaire à canopée fermée, dominée par le hêtre sous l'influence d'un climat atlantique, était largement admise jusqu'à ce que plusieurs études viennent la remettre en question au début du siècle. Les travaux récents dépeignent plutôt une vaste savane arborée, dominée par le chêne et parcourue par des troupeaux de grands herbivores comme l'élan, l'auroch, le bison et le tarpan. Cette savane arborée était vraisemblablement parsemée d'îlots de forêt dense, favorable aux essences d'ombre, comme le hêtre. Ces différentes formations boisées – de la savane arborée à la forêt fermée – et les usages associés (pâturage, taillis intensif, etc.) ont joué un rôle décisif dans les successions écologiques qui ont abouti aux écosystèmes forestiers actuels.

Au cours des années 1970, le climat apparaissait globalement stable et les projections futures pariaient sur un retour inéluctable à des conditions glaciaires… dans dix ou vingt mille ans. C'est alors que sont apparues les interrogations sur l'accroissement de l'effet de serre par l'action de l'Homme et ses conséquences sur le réchauffement du climat, du coup tout aussi inéluctable, avec des ordres de grandeur de la même ampleur (de l'ordre de 4 à 5 °C), mais cette fois à l'échéance du siècle à venir. Selon le dernier rapport du GIEC, chaque décennie depuis 1980 a été significativement plus chaude que n'importe quelle décennie passée depuis 1850. La période 1983-2012 est considérée comme la plus chaude depuis 1 400 ans. Il faut rappeler que le changement climatique observé actuellement est plus rapide, intense et global que celui qui a été reconstruit pour les dix mille dernières années. Ce phénomène se déroule beaucoup plus rapidement que celui enregistré pour les périodes de grandes déglaciations.

Cette succession végétale de plus en plus riche et diversifiée – des buissons aux grands arbres – s'observe encore de nos jours quand une terre agricole ou un pâturage sont délaissés. Sans faucheuse et sans charrue, tout redevient forêt et cela peut prendre moins d'un demi-siècle. Sur la prairie abandonnée, le terrain se couvre rapidement de buissons de genêts, de ronces et d'églantiers, peu à peu des arbustes comme les aubépines, les prunelliers, les acacias envahissent les trouées… les fougères se mêlent alors à ces vigoureux pionniers. Ces essences de lumière ne s'épanouissent qu'un temps, de dix à vingt ans selon la nature du terrain et son exposition. Elles sont ensuite progressivement supplantées par une deuxième génération d'arbres sédentaires de plus grande dimension, mais tout aussi exigeante en lumière comme les bouleaux, les merisiers, les noisetiers, les saules, les sorbiers, les sureaux. Enfin, les semis de hêtres et de sapins vont progressivement gagner leur place au soleil sous le couvert de ces premiers peuplements. Certaines essences, comme les chênes, peuvent coloniser dès les premiers stades de la succession, en milieu complètement ouvert. Ces derniers sont fréquents dans les prairies dès l'arrêt du pâturage. Le succès de cette colonisation est fonction de la présence de semenciers à proximité et de l'apport des graines par les oiseaux ou le vent. Ce n'est qu'à partir de ce moment que l'on pourra parler véritablement d'une forêt. Cette chronologie s'est accomplie des milliers de fois lors de la reconquête des territoires abandonnés par les graminées et les arbrisseaux de la toundra.

En ce début du XXIe siècle, une fois encore, tous les êtres vivants vont subir de grands bouleversements, ils vont devoir reprendre leurs grandes migrations – leur grande oscillation du sud vers le nord. Partout en Europe et en Amérique du Nord, on observe des changements profonds dans la phénologie des plantes, qu'elles soient de culture ou forestières, avec un allongement de la saison de végétation sans gel et une avancée notable des dates de floraison des arbres fruitiers. Le changement le plus médiatisé est certainement l'avancée des cycles biologiques de la vigne, qui se répercute sur les dates de vendange, ainsi qu'une augmentation de la teneur en sucre et du degré alcoolique qui conduit à des vins souvent de meilleure qualité. Pour la forêt, on observe également une avancée des dates de débourrement, la fin de la période de dormance, de l'ordre de 5 à 8 jours en Europe, une migration vers le nord de la limite forêt-toundra et une augmentation des feux forestiers, ainsi qu'une extension de certains insectes.

Les fluctuations climatiques qui ont affecté les arbres ces deux derniers millénaires sont désormais bien répertoriées. En effet, en mars 2021, l'écologue Ulf Büntgen et ses collègues de l'université de Cambridge ont publié dans *Nature Geoscience* une étude des cernes d'arbres remontant jusqu'à l'Empire romain. Les chercheurs ont analysé 27 000 cernes de croissance de 147 chênes vivant en Europe centrale, mais également de bois de chêne provenant des charpentes de vieilles églises. Pour couvrir le Moyen Âge, ils ont utilisé des fragments conservés dans des sédiments fluviaux et, pour la période romaine, ils ont analysé le bois utilisé pour construire des puits. Jusqu'à présent, les reconstitutions du climat réalisées à partir des cernes des arbres utilisaient la largeur et la densité du bois pour déterminer la température de l'époque où les arbres poussaient. Cette nouvelle étude repose sur des mesures de l'enrichissement des isotopes du carbone et de l'oxygène ; elle permet ainsi d'estimer l'efficience d'utilisation de l'eau, en d'autres termes la quantité d'eau dont disposaient les arbres. De ce fait, les périodes de sécheresse subies par les chênes sont remarquablement bien identifiées. Il en ressort que la fréquence élevée des sécheresses récentes est sans précédent au cours des deux mille dernières années, même par rapport aux graves sécheresses de la Renaissance, rapportées par les chroniques du début du XVIe siècle. Cette étude a également révélé un assèchement progressif du climat estival en Europe centrale au cours des deux derniers millénaires, avant la série d'étés exceptionnellement chauds et secs que nous avons connus ces dernières années.

À la suite de la dernière grande glaciation, la période de réchauffement postglaciaire entre 16 000 et 10 000 ans a considérablement modifié le climat planétaire. À juste titre, les paléoclimatologues ont longtemps affirmé que ce changement climatique global avait entraîné des bouleversements inégalés dans la biodiversité animale et végétale, façonnant les écosystèmes que nous connaissons aujourd'hui. Nous l'avons vu, dans les régions tempérées et boréales, la forêt s'est étendue à partir de refuges glaciaires, à mesure que les températures augmentaient et que les régimes de précipitations se modifiaient, avec des extensions de plusieurs milliers de kilomètres de l'aire de répartition de certaines espèces, comme les chênes. De nouveaux écosystèmes virent le jour en réponse au changement climatique et à l'extinction des méga-herbivores au Pléistocène supérieur. Sous les Tropiques, la biodiversité explose grâce à l'élévation des températures et du changement dans le régime des moussons.

Les fluctuations climatiques qui se sont succédé ont toujours été de formidables moteurs des changements de la biodiversité. À ces altérations naturelles sont venues se superposer celles provoquées par les activités humaines. L'Anthropocène a débuté bien avant la révolution industrielle. Les palynologues ont montré que la composition de la végétation a changé dès le Néolithique. L'écologue Ondrej Mottl et ses collègues de l'université de Bergen viennent de démontrer en analysant plus d'un millier de profils de pollens fossiles que les changements qui affectent la composition de la végétation ont débuté dès que les communautés humaines ont maîtrisé l'agriculture.

Ils montrent que les changements observés actuellement dans la biodiversité ne sont pas nouveaux; ils ne sont pas déconnectés des changements anciens, mais les prolongent, en continuité avec les premiers développements de l'agriculture, sans rupture d'impact sur la biodiversité. Ils révèlent également que l'ampleur du changement lié au développement des activités humaines est du même ordre de grandeur que celui lié aux variations climatiques post-glaciaires. En d'autres termes, notre impact sur les écosystèmes constitue une force de changement équivalente à la fonte des glaciers continentaux de la période de réchauffement postglaciaire !

Dans le passé, des bouleversements de plus grande ampleur que ceux que nous anticipons dans les prochains siècles ont affecté le monde des arbres. Des dizaines de milliers d'espèces de plantes ont disparu de la surface de la planète à la suite d'une lutte sans merci entre lignées végétales afin de conquérir les multiples écosystèmes terrestres. La biodiversité de tous les écosystèmes est soumise à la grande loterie de la sélection naturelle. Chaque changement climatique, chaque bouleversement géologique impose de nouvelles conditions de vie et ceux qui sont incapables de s'adapter sont éliminés par leurs compétiteurs. La nouvelle donne dans le grand jeu de l'évolution des espèces sur notre planète, c'est la rapidité des bouleversements que l'Anthropocène leur impose.

Aujourd'hui, il nous semble naturel de parcourir les sentiers, les prairies et les forêts et de tendre la main pour cueillir des fleurs ou de humer leurs parfums suaves. Les fleurs sont omniprésentes. On imagine mal un monde qui ne serait pas égayé par leurs couleurs délicates. Les plantes à fleurs, que les scientifiques nomment les angiospermes, constituent aujourd'hui près de 90 % de toutes les espèces végétales existantes. Elles dominent la plupart des écosystèmes terrestres de la Terre. En revanche, les gymnospermes, dont les conifères (par exemple, les pins, sapins et épicéas), représentent à peine 1 % de la diversité végétale totale et ils restent confinés aux régions boréales et montagneuses. Pourtant, les gymnospermes sont d'une lignée beaucoup plus ancienne que les angiospermes. On retrouve leurs traces fossilisées au Dévonien (soit environ 380 millions d'années) et ils ont connu une diversité extraordinaire au cours du Mésozoïque (– 252,2 à – 66 millions d'années). Au sein des gymnospermes, les conifères forment actuellement le groupe le plus diversifié avec environ 630 espèces, principalement dans les régions boréales et tempérées et dans les massifs montagneux. Pourtant, les fossiles montrent que les conifères étaient une composante dominante de la flore au cours du Mésozoïque, les périodes du Trias (– 252,2 à – 201,3 millions d'années) et du Jurassique (– 201,3 à – 145 millions d'années) étant considérées comme leur apogée. Pourquoi ces conifères ont-ils été supplantés par les arbres à fleurs ? Les plantes à fleurs constituent la lignée la plus récente des plantes terrestres et elles se sont considérablement diversifiées au Crétacé inférieur, il y a environ 145 millions d'années. L'examen des fossiles de plantes montre une augmentation fulgurante de la diversité et de l'expansion géographique des angiospermes depuis le Crétacé. Cette surprenante explosion d'espèces nouvelles explique la dominance actuelle des plantes à fleurs dans la plupart des écosystèmes terrestres. Elles ont supplanté les gymnospermes dans presque tous les habitats terrestres. En intégrant des modèles écologiques de macroévolution, des données phylogénétiques et des fossiles, le biologiste Fabien Condamine et ses collègues de l'Institut des sciences de l'évolution de Montpellier ont montré que l'extinction des conifères était liée à l'essor des angiospermes et que le refroidissement climatique du Cénozoïque(– 66 millions d'années à nos jours) a probablement accéléré cette extinction. Les angiospermes ont fini par dominer les écosystèmes terrestres, en matière de diversification d'espèces, de colonisation géographique (à l'exception des régions boréales) et d'innovations écologiques ou physiologiques. Comme dans les conflits entre communautés humaines, l'innovation est un facteur décisif de succès. Les angiospermes ont imposé leur dominance écologique sur les gymnospermes grâce à une série d'avantages biologiques et physiologiques – croissance rapide, pollinisation reposant sur les insectes, mise en place de nouveaux systèmes de défense chimique – et une plus grande tolérance au stress climatique.

Un autre exemple spectaculaire de ces bouleversements catastrophiques de la flore vient d'être publié dans la revue *Science* par la paléobotaniste Mónica Carvalho de l'Institut de recherche tropical de la Smithsonian Institution et ses collègues. Elles ont étudié la formation de la forêt pluviale tropicale colombienne et estiment que cette vaste étendue d'arbres, caractérisée par une biodiversité extraordinaire, est l'aboutissement surprenant d'un cataclysme cosmique. Il y a environ 66 millions d'années, un astéroïde de plus de 10 kilomètres de diamètre s'écrase sur la péninsule du Yucatan à Chicxulub Puerto. L'impact forme un cratère de 100 kilomètres de largeur et 30 kilomètres de profondeur. À la suite de la collision, un panache formé des particules de poussières de roche et de suie de combustion enfle jusqu'à atteindre un diamètre de 100 à 200 kilomètres, parvient dans la haute atmosphère, puis enveloppe la planète entière et la plonge dans l'obscurité pendant plusieurs années. En l'absence de lumière solaire, les plantes dépérissent rapidement, entraînant la disparition des herbivores, dont les dinosaures. Cette collision titanesque provoque l'extinction rapide et massive de 75 % des espèces terrestres animales et végétales, dénommée « extinction Crétacé-Paléogène » ou « extinction K-Pg ». Toutefois, le taux d'extinction des espèces végétales et le retour à une biodiversité voisine de celle qui a précédé le cataclysme a varié avec la distance à l'impact. À 3 000 kilomètres de l'impact, au cœur de l'Amérique du Nord, l'extinction ne touche que 30 à 50 % des espèces et la biodiversité originelle est retrouvée 1,6 million d'années après la collision. En Patagonie et en Nouvelle-Zélande, à 8 000 et 12 000 kilomètres du cratère, les effets néfastes sont beaucoup plus modérés et la diversité floristique récupère plus rapidement, plus de 90 % des espèces survivront à l'extinction K-Pg.

L'histoire est bien différente à quelque 1 500 kilomètres au sud de l'impact dans ce qui deviendra la Colombie d'aujourd'hui. Mónica Carvalho et son équipe de paléobotanistes et de palynologues ont inventorié et analysé, pendant des années, des dizaines de milliers de spécimens de pollens fossiles et plus de 7 000 feuilles fossilisées, remarquablement bien préservées, provenant des sites de la savane de Bogota et de la mine de Cerrejón, riches en dépôts fossilifères datant du Crétacé et déposés après l'extinction K-Pg. Une expédition botanique extraordinaire dans les forêts tropicales d'un passé enfoui dans les strates du temps, à une époque où des boas et des tortues géantes évoluaient sur les rives de fleuves depuis longtemps disparus. Cet inventaire paléobotanique a conduit à une découverte inédite. La composition floristique de cette forêt tropicale colombienne était très différente avant et après la chute de l'astéroïde. Au Crétacé supérieur, la végétation était dominée par des conifères, voisins des araucarias, des fougères et des arbres à fleurs (Lauracées, Aracées, Théacées). La forêt était beaucoup moins dense, ouverte, la canopée laissait largement filtrer le soleil. Un éden parcouru par de nombreux dinosaures herbivores qui allaient disparaître, emporté par l'hiver sans fin qui succéderait à la titanesque collision.

Après l'impact extraterrestre, il fallut plus de 6 millions d'années avant de voir renaître la forêt tropicale… une jungle bien différente. Dominée par les arbres à fleurs, étagés en de multiples strates, avec une canopée dense captant la totalité de la lumière – un monde touffu, impénétrable, à la chaleur humide d'où les conifères avaient été éliminés. Une mosaïque d'habitats allant du sol ombreux à la canopée baignée de soleil équatorial, offrant une multitude de niches pour les plantes épiphytes, les orchidées, une myriade d'insectes et des arbres et arbustes de toutes tailles. Le cataclysme avait accouché d'un nouveau monde, la forêt néotropicale qui couvre encore de nos jours les contreforts des Andes. Comment expliquer un changement si profond dans la nature du couvert forestier alors que le climat était resté similaire ? Mónica Carvalho et son équipe avancent plusieurs hypothèses à la surprenante disparition des conifères et la nouvelle domination des angiospermes. Les scientifiques supposent que les arbustes et les arbres à fleurs, repas favoris des dinosaures herbivores, ont profité de leur extinction pour gagner leur place au soleil et submerger de leur vigueur les malheureux araucarias. De nouvelles espèces d'angiospermes à croissance rapide ont pu ainsi évoluer et exploiter les niches ainsi libérées et profiter efficacement des cendres, riches en éléments minéraux, produites par l'impact du bolide sur l'ensemble des régions tropicales.

Les conclusions tirées de cette étonnante étude de paléobotanique devraient nous servir d'avertissement. Elle ne concerne pas que l'écologie de la jungle tropicale. Ces travaux remarquables montrent qu'après une catastrophe planétaire de grande ampleur, les forêts emportées dans la tourmente ne se reconstituent pas à l'identique. La reconquête des terres dévastées transforme radicalement les paysages et leur biodiversité. La nature ne se contente pas de rejouer le même film. Les chemins de l'évolution sont soumis au jeu du hasard et sont imprévisibles. Des optimistes pourraient me rétorquer que les forêts de Patagonie ont survécu au cataclysme de Chicxulub. Malheureusement, nous, les humains, responsables de la sixième grande extinction, sommes présents en tout point du globe. Aucun écosystème n'échappe à notre action destructrice. Les territoires qui pourraient servir de refuge à la biodiversité et repeupler les terres après l'Anthropocène sont eux aussi en voie de disparition.

CHAPITRE 3

La forêt dévorée

« Forêt marine à l'aurore, touffue et trempée de vent, j'entre et suffoque en toi. »

PHILIPPE JACCOTTET, *L'Ignorant*, 1958

C'est un petit pays du sud verrouillé par les gorges de la Sure dont les horizons butent contre les hautes falaises blanches de calcaire urgonien. Il est fait de collines boisées couvertes de pins sylvestres, d'une mosaïque de plainettes colorées de graminées, de vergers, d'une poignée d'anciennes fermes et de hameaux aux maisons serrées avec leurs toitures imbriquées. Des chemins bordés de peupliers de Lombardie, vibrant et bruissant sous la moindre brise, lient ce petit monde isolé. De profondes forêts ourlent le Val de Quint de leur vert sombre et le protègent des brusques colères de la montagne toute proche. En ce début de printemps, une douce brise s'écoulait des lèvres du vallon et un ciel bleu céruléen chapeautait la montagne des Teulières. Nous remontions le Font Payanne sur un chemin pierreux, bordé de pins sylvestres, de hêtres et de chênes pubescents, courant sur le flanc méridional de la forteresse du Vercors. Le sentier nous menait à travers les prés, les bois et la garrigue sur la grande falaise de la montagne d'Ambel qui de là-haut domine le Pays de Quint. En face, de sombres nuages cavalaient sur la croupe boisée de Serre-Morin, puis sur les crêtes de la montagne de Saint-Génix et du Puy de la Gagère avant de s'engouffrer dans le chas de la Porte d'Urle. Là-haut, la grande forêt de Lente couvrait le relief vallonné du plateau de ses brigades de hêtres. Ici, sur le flanc de l'imposante barrière jurassique, c'était encore la montagne rude, les hivers y sont rigoureux et les vents très violents. Il faut attendre les fortes chaleurs de l'été provençal pour que les pentes couvertes de garrigue exhalent les lourds parfums de térébenthine, de romarins et de genévriers. En bordure de la Sure, des peupliers et des pins sylvestres formaient des bosquets dispersés entre les labours et les pâturages. Des mas de pierres blanches, entourés de vergers, cloutaient les pentes. Plus haut, les forêts tapissaient les vallons et les ravins, et lançaient leurs avant-gardes de genévriers et de buis à l'assaut des pâquis abandonnés. C'est une région de transition, reculée et oubliée, perdue à quelques lieues de la riche vallée du Diois. C'est tout le charme de cette longue dépression, fermée, riche de son individualité.

Nous avions marché plus de trois heures avant de venir à bout de l'étroit chemin pierreux qui se frayait un passage à travers les buis, les hêtres chétifs et toute une végétation crispée par une longue sujétion aux vents. Les talus herbus de la crête étaient encore tapissés d'une fine pellicule de neige légère. À l'ouest, le regard plongeait dans les sauvages gorges d'Omblèze où coule la Gervanne. À l'est, les horizons couverts par un ciel bas ne dévoilaient rien d'autre que le déferlement continu des nuages sur la barrière calcaire du Vercors. Leurs ailes grises frottaient la cime des arbres.

En me glissant à travers cette buxaie dense composée de très vieux arbres tortueux dont certains étaient probablement centenaires, j'étais baigné par les élancées d'un parfum puissant qui partait des étages de feuillages. C'est un composé volatil soufré qui identifie immédiatement le buis (*Buxus sempervirens*). Cet arbuste toujours vert se complaît sur les sols calcaires, bien drainés et riches des pentes méridionales du Vercors. Il résiste bien au gel, au vent et à la sécheresse estivale de cette région aux confins de la Provence. Il constitue des formations si denses que le sentier parfois se perdait dans des tunnels végétaux. Malheureusement, même sur ces pentes isolées du Vercors, ces odoriférants bois de buis sont en danger, dévorés sur pied par un prédateur, minuscule mais redoutable. J'étais effaré par l'ampleur des ravages causés sur cette ancienne buxaie par l'un de ses plus féroces ennemis, la pyrale du buis (*Cydalima perspectalis*). Les pyrales sont des petits papillons discrets se confondant avec les végétaux sur lesquels ils se posent. Autrefois, ils étaient réputés naître dans l'âtre, vraisemblablement parce qu'ils s'échappaient des vieilles écorces des bûches qu'on jetait dans le feu. C'est un lépidoptère de la famille des Crambidae originaire d'Extrême-Orient, importé en Europe caché dans des buis asiatiques contaminés. Observé pour la première fois en Allemagne, en 2006, il fut signalé en masse en Alsace dès 2008 avant d'envahir l'ensemble du territoire métropolitain.

L'adulte – l'imago – de la pyrale est un charmant petit papillon nocturne, aux ailes blanc nacré bordées d'une bande brune, qui virevolte dans le halo des réverbères. S'échappant des buis, les pyrales s'envolent par milliers pour leur vol nuptial lors des douces nuits printanières. Avec une angoisse encore perceptible, l'épicier du village me racontait que lors de sa tournée quotidienne, dans l'aube de mai, sa vieille camionnette brinquebalant sur les routes de montagne se heurtait parfois à des nuées blanches de papillons affolés. « Eh oui, monsieur, vous pouvez me croire ! Au printemps, il neige des pyrales dans notre beau pays. » Obscurcissant le ciel de leurs tourbillons, elles s'écrasent alors sur les pare-brise par milliers, piégées par les phares des voitures. Les lépidoptères ont passé les rigoureux mois d'hiver sous forme de jeunes chenilles, protégées du froid dans des cocons de feuilles et de soie, situés à l'intérieur du feuillage des buis infestés. En février, les larves des chenilles hivernantes sortent de leur diapause et se nourrissent en grignotant les feuilles du buis qui les hébergeait. L'hôte malheureux a beau mobiliser toutes ses défenses et tenter de limiter la progression des insectes voraces, il est vite submergé par les assaillants. Fin mars ou début avril, les chenilles commencent leur transformation en papillon – la nymphose. Les chrysalides sont protégées par des feuilles de buis soudées entre elles par les chenilles. La première génération de papillons émerge des cocons et prend son envol fin mai, début juin pour entamer le grand cycle de la reproduction. Fécondées, les femelles pondent de 200 à 300 œufs collés au revers des feuilles de buis. Après deux jours, les œufs donnent naissance à des larves qui se transforment en chenilles en juin ou juillet. Les chenilles muent quatre fois durant leur courte vie. Au premier stade, la chenille mesure quelques millimètres et elle est à peine visible. Elle grignote la cuticule qui protège le dessous des feuilles de buis tout en restant bien camouflée au cœur du buisson. Après la première mue, au deuxième stade, les chenilles rongent le dessus et le dessous des feuilles plus coriaces. C'est à ce stade que les buis se couvrent de fils de soie tissés par les chenilles afin de se protéger de leurs prédateurs et se déplacer de branche en branche. Rongées, les feuilles sèchent et l'arbuste déchiqueté dépérit rapidement, incapable de fabriquer les sucres indispensables à sa croissance en l'absence de photosynthèse foliaire. De quelques centimètres de long, vêtues d'une robe d'un vert vif et parsemée de points noirs, les chenilles de deuxième génération se transforment alors en nymphes. La nymphose dure environ un mois dans un cocon tissé entre les feuilles, puis les papillons en sortent deux à trois semaines plus tard. La dernière génération, apparue en octobre, passe l'hiver sous forme de jeunes chenilles logées dans des cocons suspendus aux buis. Le cycle d'œufs à œufs est de deux mois. On peut compter jusqu'à trois générations de pyrales par an et les nymphes, chenilles et papillons cohabitent alors sur leur victime. Les chenilles sont particulièrement voraces et se nourrissent exclusivement de buis autour desquels elles tissent des toiles – laissant l'impression que des fantômes errent dans la buxaie meurtrie. Elles apprécient les jeunes feuilles, mais dévorent également la face inférieure des vieilles feuilles et l'écorce.

Le buis de nos régions n'avait jamais rencontré ce prédateur asiatique et il n'est donc pas « immunisé » contre ce parasite. L'arbuste n'a pas encore développé les systèmes de défense lui permettant de limiter la propagation et l'infestation par cette espèce de pyrale exotique. Je crains d'ailleurs que des réactions de défense, même très sophistiquées, ne puissent pas enrayer une invasion d'une telle ampleur. De plus, espèce exotique, la pyrale asiatique n'a aucun prédateur ou régulateur naturel dans nos régions et ses populations peuvent se multiplier sans fin, virevoltant de combe en combe en décimant les buissaies. C'est une mort certaine pour le buis. La bataille semble perdue ! Le buis commun risque à court terme de disparaître de nos paysages et de nos parcs. Serait-ce la fin des topiaires dans les jardins à la française ? Il y a heureusement une lueur d'espoir. On signale que le frelon asiatique, lui-même importé d'Asie du Sud-Est, se délecte de larves de pyrale. Il pourrait bien trouver des alliées en la mouche tachinaire qui parasite les chenilles et la chrysope verte qui s'attaque aux œufs de la pyrale du buis.

Cette guerre d'extermination entre la pyrale et le buis est un cas extrême de relation de prédation entre insectes et plantes. Ces dernières sont constamment menacées par les insectes herbivores. L'évolution a favorisé l'émergence des insectes terrestres se nourrissant de feuilles, de fruits, de tiges, de pollen, de nectar ou de bois. Les entomologistes estiment qu'il existe entre 400 000 et 500 000 espèces d'insectes phytophages dans le monde, près de la moitié des insectes connus. L'extraordinaire diversification des plantes terrestres et en particulier celle des plantes à fleurs, les angiospermes, il y a environ 145 millions d'années, a entraîné une diversification aussi remarquable des herbivores. Chaque espèce de plante sert de nourriture à au moins une espèce d'insecte. Nous avons rencontré la pyrale du buis lors de notre randonnée dans le Val de Quint, mais il existe également une pyrale du fusain, une pyrale du sureau, une pyrale de la vigne, une pyrale des choux, une pyrale du houblon, une longue litanie de petits papillons ravageurs. Lors de vos prochaines promenades en forêt, dans un parc ou encore dans votre jardin, vous pourrez facilement vous rendre compte de cette extraordinaire diversité des phytophages en observant les feuilles ou plutôt les malformations de celles-ci. Si elles sont déformées, des centaines de pucerons sont certainement alignés à la queue leu leu, leur stylet planté dans la nervure principale, en train de s'enivrer du riche flux de sève sucrée.

Quand le limbe de la feuille présente des décolorations, il s'agit probablement d'acariens ou des thrips y creusant des galeries. Quand les feuilles sont parcourues de galeries blanchâtres, elles sont infectées par des mineuses. Il s'agit de larves de mouches ou de papillons qui creusent leur chemin en s'alimentant du parenchyme chlorophyllien entre les deux épidermes du limbe foliaire.

Lorsque la feuille ressemble à une dentelle, parfois réduite à un squelette de nervures, des chrysomèles, comme la galéruque de l'aulne, des chenilles ou des larves de tenthrèdes sont à l'œuvre. Comme la chenille de la pyrale du buis, elles peuvent se bousculer par douzaines sur une même branche ou sur le pourtour d'une même feuille. Croquant avidement dans la savoureuse chair végétale. Un arbre peut ainsi être rapidement dépouillé de son feuillage. Dans ma région, les pullulations périodiques de la chenille processionnaire du chêne (*Thaumetopoea processionea*) causent des dégâts impressionnants sur les chênes de juin à juillet. Les chenilles vivent en colonie et s'alimentent la nuit sur le feuillage. Pendant la journée, elles se rassemblent sur les feuilles et les rameaux, et confectionnent un tissage soyeux très léger dans lequel elles s'abritent et qu'elles abandonnent après chaque mue. À la fin du jour, elles gagnent le feuillage en procession où elles consomment la première et la deuxième pousse de l'année. Elles ne provoquent pas la mort de l'arbre, mais elles l'affaiblissent. De plus, elles libèrent des poils urticants qui induisent de fortes allergies chez l'Homme et les animaux domestiques. Avec le réchauffement climatique, les pullulations de cette chenille se multiplient même dans le nord-est de la France.

Quand la feuille ou la tige porte une excroissance tumorale, il s'agit d'insectes dits « cécidogènes » qui ont piqué le tissu végétal et pondu leurs œufs à l'intérieur. L'hyperplasie et l'hypertrophie cellulaires sont induites par des substances hormonales libérées par la mère pondeuse, les œufs ou les larves. Les galles qui en résultent jouent un rôle nutritionnel car l'insecte logé à l'intérieur va se nourrir de la tumeur, ainsi qu'un rôle de protection contre les intempéries ou les ennemis naturels. Certaines de ces excroissances sont joliment colorées et décorées. J'aime prendre des clichés de galles-cerises du chêne, de la galle « pomme de chêne », de la galle-artichaut du chêne, de la galle cornue du tilleul ou des bédégars du rosier. Je n'ai d'ailleurs pas encore réussi à photographier la totalité des 200 variétés de galles produites par les *Cynips*, des petites guêpes solitaires, sur les diverses espèces de chênes d'Europe. Pour l'anecdote, sachez que les galles du chêne, très riches en tanins, étaient autrefois employées comme colorants dans le tannage des cuirs. Additionnées de sulfate de fer, elles étaient également utilisées pour préparer une encre noire très réputée. Comme quoi, les interactions complexes entre les plantes et les insectes ont parfois des retombées inattendues.

Lorsque les feuilles sont enroulées, et très souvent cousues de fils blancs, ne soyez pas surpris de découvrir à l'intérieur de ce nid douillet un cocon de chenille comme celui de la pyrale du buis.

Vous avez bien compris à la lecture de cette longue liste de malformations ou transformations qui affectent le végétal que l'ingéniosité des insectes est sans limite quand il s'agit de se nourrir au détriment des végétaux. Génération après génération, ces phytophages ont développé des adaptations physiques telles que des pièces buccales spécialisées pour couper, déchirer, broyer, percer, aspirer, sentir ou goûter les différents tissus végétaux (ou animaux d'ailleurs). Ces appendices portent très souvent des poils sensoriels impliqués dans le toucher, le goût et l'odorat. Les pucerons suceurs sont capables de percer les tissus végétaux grâce à leur stylet leur permettant de pomper efficacement la sève riche en sucres. Les sauterelles possèdent des mandibules très développées, puissantes et tranchantes leur permettant de grignoter le limbe des feuilles pourtant enrichi de cristaux de silice. Leur salive et leur régurgitation de nourriture contiennent des molécules effectrices capables d'inhiber les réactions de défense de la plante attaquée. Ces sauterelles, comme la decticelle bariolée, et bien d'autres herbivores possèdent un appendice abdominal, une tarière ou ovipositeur, qui leur permet de pondre dans les feuilles.

Cette après-midi, avant de me replonger dans l'écriture de ce chapitre, je me suis adonné à l'une de mes passions, le safari botanique et entomologique dans les prairies et les sous-bois afin d'illustrer ces interactions écologiques complexes entre la flore et l'entomofaune. Ce type de randonnée nécessite une bonne paire de chaussures, car bien souvent les plantes rares affectionnent les éboulis, et un excellent objectif pour la macrophotographie, car le monde des insectes, c'est le microcosmos. Le but du jeu consiste à inventorier le plus grand nombre de fleurs le long du chemin, mais le réel challenge est de réussir à photographier les insectes qui les visitent, car ces derniers sont le plus souvent très farouches et ne se laissent pas aisément tirer le portrait. Chaque prise de vue réussie procure alors un immense plaisir ! C'est une satisfaction voisine de celle ressentie par le naturaliste de terrain qui vient de découvrir *la* plante endémique rare au sommet d'une montagne au bout du monde. Au-delà de cette satisfaction narcissique, je suis intimement convaincu que scruter la matrice du monde et nommer les êtres, par exemple les plantes et les insectes, qui l'habitent, c'est les faire exister dans la sphère humaine. Aujourd'hui, encore plus qu'hier, il est indispensable d'apprendre à reconnaître les espèces et en savoir plus sur leur mode de vie, leur comportement et les lieux où les rechercher au sein de leur habitat. Au-delà de l'émerveillement devant la richesse des formes vivantes qui peuplent prairies et forêts, rendre compte de la diversité des êtres vivants par une description juste de la nature du monde, mais aussi comprendre les comportements et les interactions sont des approches qu'il nous faut favoriser si nous voulons faire respecter et protéger les espèces qui peuplent notre biosphère. Découvrir par l'observation attentive les relations qui lient plantes et insectes, c'est acquérir une meilleure connaissance de l'enchevêtrement des êtres et de leur environnement. Une fois capturées sur la carte numérique de votre appareil photo, il vous restera à identifier les espèces observées. Pour cette étape délicate, je compulse de nombreux guides de terrain bien illustrés. À ce propos, je vous encourage à acquérir les guides de terrain des parcs nationaux de France. Ils sont superbement illustrés et d'utilisation aisée. Les espèces sont classées selon leur habitat de prédilection.

Ce jour-là, je quittais le hameau en empruntant le sentier qui traverse la prairie et s'insinue dans la pinède surplombant la haute vallée de l'impétueuse Ubaye. Après les orages de la nuit, le soleil des premiers jours de l'été éclaboussait la prairie de fauche, la lisière et le bois de Tournoux. Celui qui n'a jamais traversé une prairie de fauche de montagne en juin ne peut pas imaginer la floraison printanière spectaculaire de cette formation végétale modelée par des générations de paysans. Vous nagez littéralement dans un océan de grandes graminées (dactyle, brome, avoine dorée, flouve), coloré par les ombelles des cerfeuils et des berces, les fleurs des sauges, des centaurées, des campanules, des rhinanthes, des bistortes, des marguerites, des vesces, des sainfoins et des trèfles.

Ce sont des milieux ouverts favorables aux insectes héliophiles qui aiment la chaleur et la lumière du soleil. La richesse floristique de la prairie détermine sa diversité entomologique. Un grand nombre d'insectes butineurs et herbivores – coléoptères, abeilles, bourdons, papillons, mouches, criquets et autres orthoptères – virevoltent, butinent et se camouflent dans les hautes herbes et autour des innombrables corolles de fleurs. Oiseaux, chauves-souris et autres prédateurs y trouvent un terrain de chasse d'une rare richesse. De ce fait, les prairies de fauche constituent un habitat d'un intérêt biologique exceptionnel. Elles sont le théâtre d'une vie végétale et animale presque excessive. Aujourd'hui en régression partout, ces hautes prairies de montagne possèdent une valeur écologique, paysagère et patrimoniale qu'il faut absolument préserver et sauvegarder. C'est un écosystème que les anciens nous ont donné en héritage.

Après avoir traversé la prairie ouverte, baignée de soleil, et avant de pénétrer dans la forêt, monde clos à la lumière diffuse, j'aime suspendre mon pas à la lisière du bois. C'est un écotone, une zone de transition écologique entre deux écosystèmes, pleine de curiosités botaniques et entomologiques. Ce trait d'union est un mur d'arbres, d'arbustes et de plantes herbacées, qui emprunte aux deux milieux qu'il délimite ; un « entre-mondes » à la biodiversité élevée qui sert de corridor biologique pour le déplacement de nombreux animaux. Cette zone est riche d'insectes liés aux plantes : papillons suçant le nectar des ronces, leptures, chrysomèles, punaises et syrphes se gavant des ombelles d'apiacées ou araignées à l'affût, guettant tout ce petit monde. Mon œil macrophotographique fut irrésistiblement attiré par des irisations pulsant des inflorescences des berces communes qui parsemaient cette lisière. Des cétoines dorées iridescentes vaquaient paisiblement à leur activité favorite, immergées dans un champ de minuscules fleurs blanches, elles broutaient les étamines de la grande ombellifère. Chaque carapace d'un vert cuivré était comme un bijou tapissé de grains de pollen. L'adulte, ou imago, des cétoines est irrésistiblement attiré par les fleurs baignées de soleil, il est héliophile. C'est un coléoptère floricole nectarivore et pollinivore. Impavide, il dévore les étamines des fleurs pour leur pollen, ainsi que les fleurs entières comme celles des rosiers sauvages, de l'aubépine ou du sureau qui s'épanouissent en lisière. Malencontreusement, en se nourrissant ainsi, il castre les fleurs, mettant en danger le cycle reproductif des plantes dont il est l'hôte. Heureusement, les infortunées ombellifères produisent des milliers de fleurs… Assez pour que certaines soient fécondées par les pollinisateurs et produisent des graines en nombre suffisant pour perpétuer l'espèce. À moins qu'elles ne soient victimes de pullulations successives de nectarivores ou pollinivores. En effet, les cétoines ne sont pas les seuls insectes floricoles ; elles sont en compétition avec les chrysomèles, les méligèthes, les capricornes, les leptures, les syrphes, les sauterelles et bien d'autres insectes gourmands. Pour déguster les différents organes des fleurs, ils piquent, découpent, percent, sucent le pistil (stigmate, style, ovaire) ou les étamines (anthères et filets), ou les pétales ou les sépales, provoquant inéluctablement la déformation puis le dessèchement des fleurs et des fruits.

Je m'étais à peine glissé sous le couvert des pins sylvestres que je découvris en bordure du chemin, dans le frais sous-bois, une abondance d'orchidées de toutes sortes. Néotties nid d'oiseau, céphalanthères rouges, céphalanthères de Damas, platanthères et orchis tachetés se bousculaient dans une surprenante diversité. Elles étaient butinées par une cohorte d'abeilles et de bourdons, pollinisateurs bénéfiques chargés d'assurer leur perpétuation. Ma présence n'avait pas l'air d'offusquer les lépidoptères attirés par le parfum de vanille des céphalanthères, ni une famille de sauterelles ponctuées surprises à grignoter les fleurs magnifiques de céphalanthères rouges… la beauté ne protège manifestement pas des prédateurs ! Plus riche de centaines d'images numériques, j'empruntais le chemin du retour vers le hameau en méditant sur les mécanismes évolutifs qui avaient façonné la morphologie et l'écologie des plantes et de leurs insectes herbivores et pollinisateurs.

Plus surprenant, les « mangeurs de plantes » redoutables sont bien incapables de digérer les tissus végétaux qu'ils engloutissent. En fait, ces insectes sont dépourvus des enzymes digestives qui leur permettraient de digérer la lignine, la cellulose et la pectine composant les tissus végétaux afin de transformer ces biopolymères en sucres simples comme le glucose, indispensable à leur métabolisme. En fait, les entomologistes ont découvert que le tube digestif des insectes phytophages était colonisé par un microbiote qui assure la digestion de leur bol alimentaire et le transforme en nutriments assimilables. Le tube digestif d'un criquet ou d'une abeille héberge plus d'un milliard de bactéries appartenant à des espèces bien adaptées à cet environnement pauvre en oxygène et souvent très alcalin. Comme les humains, les insectes ne vivent pas seuls, ils sont accompagnés depuis leur naissance par des symbiotes intestinaux. Le dialogue complexe entre plante-hôte/insectes herbivores/microbiote intestinal tisse ainsi un enchevêtrement complexe d'interactions biologiques dont l'équilibre est continuellement remis en cause par l'évolution des espèces impliquées, mais également par les changements environnementaux, dont le climat.

Les herbivores exerçant une forte pression sélective sur les plantes, celles-ci se sont adaptées de façon à pouvoir lutter et survivre. C'est une course évolutive permanente. Les végétaux, que tout le monde veut dévorer, ont donc développé une large gamme de stratégies de défense, le plus souvent efficaces, pour éviter d'être anéantis par les insectes. Après des millions d'années d'interactions conflictuelles, les plantes et leurs insectes prédateurs habitant un même écosystème ont atteint un équilibre délicat – un *modus vivendi* – dans une course aux armements sans fin.

Afin d'assurer la perpétuation de son espèce, une plante doit germer, croître, fleurir, être fécondée, faire ses graines, et ce, le plus rapidement possible. Elle doit se faire une place au soleil en étant plus forte que ses congénères et, dans le même temps, éviter d'être broutée par des nuées d'insectes et des hardes de mammifères herbivores. Soumise à une prédation constante, elle a développé des mécanismes de défense afin de circonscrire sa dévoration. Dans le même temps, les insectes prédateurs s'empressent de contourner ces barrières de protection sous peine de périr d'inanition. Ils n'ont pas d'alternative, pour garantir la survie de leur espèce, que de se nourrir au détriment des plantes pour assurer leur alimentation en sucres et en autres éléments nutritifs, comme les acides aminés. En effet, ces insectes sont incapables de produire les sucres simples indispensables à leur croissance ; ils n'ont pas le privilège extraordinaire des végétaux de fabriquer des sucres grâce à la photosynthèse. Sans compter que ces herbivores ne sont qu'un élément dans une longue chaîne trophique. Ils sont la proie d'insectes carnivores ou des oiseaux perchés sur les arbres surplombant la prairie et la lisière. Quelle vie ! « Manger ou être mangé » – c'est l'une des grandes lois du vivant.

Les plantes, enracinées dans le sol, n'ont pas la possibilité de s'échapper lorsqu'elles sont confrontées à un prédateur, tel que la pyrale ou un autre insecte phytophage – « mangeurs de feuilles ou de fleurs ». À chaque instant, l'une ou l'autre des milliers de feuilles d'un arbre est attaquée par des chenilles défoliatrices (arpenteuses, tordeuses, noctuelles), des mineuses, des altises piqueuses, des tenthrèdes déchiqueteurs ou des cassides décapeurs. Cette guerre entre insectes et plantes est ancestrale. En effet, les paléobotanistes rapportent de nombreuses traces d'herbivorie sur les fossiles de plantes. Par exemple, de nombreux arthropodes et des galles sont visibles sur les feuilles grignotées d'hépatiques fossiles de plus de 388 millions d'années. Au cours de centaines de millions d'années d'évolution, les plantes terrestres ont donc développé de multiples mécanismes afin d'échapper à la gloutonnerie des ravageurs, attirés par la richesse nutritive de leurs feuilles. Les arbres capables de traverser les siècles, parfois les millénaires, possèdent un système immunitaire particulièrement efficace leur permettant de contrer les innombrables attaques dont ils font l'objet au cours de leur longue vie.

Pour observer la rapacité des insectes phytophages, je vous propose de m'accompagner lors d'une de mes promenades forestières. En effet, je ne manque jamais l'occasion de parcourir les forêts lorraines au cours des derniers jours d'avril. C'est le grand basculement – le moment magique du débourrement – quand les arbres dénudés par les rigueurs hivernales se couvrent de leur parure printanière d'un vert tendre et lumineux. Le monde s'en trouve changé pour quelques mois. Les jeunes feuilles de charme, de noisetier, de hêtre et de chêne, à peine déployées, sont encore belles, intactes avec leurs délicates nervures, vierges de toute meurtrissure. La machinerie photosynthétique est alors en pleine activité et les tissus foliaires sont riches de multiples composés carbonés et azotés alimentant un flux de nutriments vers les organes en croissance. Un butin qui attire bien des convoitises et qui va alimenter une longue chaîne trophique. Puis quelques jours sont à peine passés que les chenilles et une vaste cohorte d'insectes ravageurs dont le réveil est synchronisé au débourrement des feuilles commencent leur festin, leur razzia. Il suffit de ces quelques journées pour que les tendres tissus foliaires soient ajourés par les morsures et les grignotements entomologiques. Certains auteurs affirment que près de 20 % de la production végétale sont ainsi consommés par les insectes phytophages. Comment éviter d'être entièrement grignoté, fauché en pleine jeunesse ? Le végétal n'a pas d'autres options que d'entrer en guerre ; il lui faut détecter les intrus le plus rapidement possible afin de limiter les dégâts, informer l'ensemble de ses feuilles d'une attaque imminente afin qu'elles puissent s'y préparer et déployer les moyens de défense pour ralentir la progression de l'ennemi, le repousser puis l'annihiler. Comme nous le verrons dans le prochain chapitre, les mécanismes de défense actifs, déployés contre les herbivores, reposent sur des processus moléculaires très proches de ceux mis en place contre les intrus microbiens pathogènes. Ils impliquent des hormones bien connues des physiologistes des plantes, l'acide jasmonique, l'acide salicylique et l'éthylène. Les insectes piqueurs-suceurs et les pathogènes microbiens biotrophes induisent la chaîne de réaction de défense contrôlée par la voie de signalisation reposant sur l'acide salicylique, alors que les insectes défoliateurs et les microbes pathogènes nécrotrophes induisent et répondent aux défenses dépendantes de la voie de l'acide jasmonique.

L'hypothèse que les plantes étaient capables de réagir activement à une blessure fut émise dès 1892 par Julius Ritter von Wiesner, un botaniste austro-hongrois spécialiste de la physiologie et de l'anatomie végétale. Il fallut attendre 1939 pour que l'hormone de blessure soit purifiée à partir de haricots verts et dénommée – la traumatine – par l'équipe du chimiste néerlandais Arie Jan Haagen-Smit. Avec l'essor de la biologie moléculaire, plusieurs chercheurs, comme Clarence Ryan et son équipe de l'université de l'État de Washington, réussirent à décortiquer le système de communication très sophistiqué déployé par les végétaux pour réagir rapidement lorsqu'une feuille est blessée par un insecte phytophage (comme la chenille de la pyrale du buis ou la processionnaire du chêne). La destruction des cellules au niveau de la blessure provoque, en trente secondes, la fabrication rapide d'une hormone diffusible d'alerte, l'acide jasmonique, un acide gras poly-hydroxylé synthétisé à partir des acides gras polyinsaturés, l'acide linoléique (18:2) et l'acide linolénique (18:3). Quinze secondes plus tard, il s'accumule dans les tissus indemnes qui bordent la plaie. Puis, très rapidement, cette molécule s'associe à un acide aminé, l'isoleucine, pour former le jasmonoyl-isoleucine (JA-Ile) ou ester de méthyle du jasmonate qui est responsable de l'activation des réactions de défense systémique. Les jasmonates induisent un large éventail de réponses défensives, notamment la production d'enzymes antioxydantes, d'inhibiteurs de protéases, d'alcaloïdes et la libération d'un cocktail d'odeurs appelées composés organiques volatils (COV). Ces derniers sont composés de terpènes (myrcène and ocimène), de benzoate de méthyle (MeBA), de salicylate de méthyle (MeSA), d'acides gras volatils et d'aldéhydes ((Z)-3-hexenal, n-hexanal). Chaque plante est caractérisée par une signature parfumée spécifique. Elle diffuse un « bouquet » de senteurs caractéristiques dont la composition varie avec l'âge ou lorsque la feuille est meurtrie… mordue ou piquée. Les COV sont des messagers diffusant en quelques secondes dans l'air autour de la feuille. Ces signaux d'alerte sont alors perçus par les feuilles voisines, puis par l'ensemble de la plante, ainsi que par les voisines les plus proches. Ce système de communication reposant sur des odeurs est doublé par l'émission de signaux électriques se propageant de feuille en feuille et de signaux chimiques transitant par la sève, tels que des petits peptides comme la systémine. Le professeur Edward Farmer de l'université de Lausanne et son équipe ont mesuré la vitesse de propagation des signaux d'alerte chez la plante modèle, l'arabette des dames ; il est de 3 à 8 cm par minute – soit la vitesse de marche d'une chenille ! Certains auteurs ont observé que de nombreuses chenilles se contentaient d'avaler un morceau de feuille sur une plante avant de passer rapidement à un autre végétal. Est-ce pour éviter de consommer des feuilles déjà sur leur défensive, accumulant les poisons qui pourraient leur être fatals ?

Les plantes sont même capables de détecter les œufs d'insectes herbivores déposés sur les feuilles, les tiges et les branches et elles ont développé un ensemble de défenses pour réduire la survie de ces œufs. Les ennemis sont alors étouffés dans l'œuf ! Les tissus végétaux sur lesquels reposent les œufs détectent la présence de ceux-ci grâce à des composés présents dans la glu qui les lie. Des substances ovicides sont alors secrétées. La plante peut également déclencher une réaction d'hypersensibilité conduisant à la nécrose du lieu de ponte ou libérer des COV. Il a été démontré que la moutarde noire (*Brassica nigra*) préempte la prédation par les larves de piérides grâce à une double ligne de défense : la politique de la terre brûlée en créant une zone nécrotique autour du point d'entrée de la tarière et, simultanément, la libération de composés volatils liés à l'oviposition attirant les trichogrammes. La larve de ces parasitoïdes oophages se développe à l'intérieur de l'œuf des piérides, dont l'embryon est tué rapidement et ce sont ses tissus désintégrés et son vitellus qui servent de nourriture à la larve du trichogramme et assurent son développement jusqu'à sa métamorphose. Cette stratégie entraîne une mortalité des œufs pouvant atteindre 80 %.

Depuis une vingtaine d'années, des recherches intenses sont conduites sur ces mécanismes de défense afin de mieux les comprendre et espérer ainsi limiter les ravages causés par les insectes dans les grandes cultures d'intérêt économique. La réception du signal volatil par des protéines spécialisées déclenche une réaction de sensibilisation en chaîne. Le signal est alors capté par les cellules adjacentes encore épargnées, induisant une cascade de mécanismes moléculaires qui est maintenant bien étudiée. Plusieurs interrupteurs moléculaires – les facteurs de transcription – sont activés et interagissent entre eux pour former des complexes protéiques. La composition de ces ensembles de protéines régulatrices détermine l'activation de l'une ou l'autre des voies de défense. L'une de ces cascades de réaction de défense conduit à la production massive par les feuilles de protéines inhibitrices capables de bloquer l'action des enzymes de digestion de l'insecte. Avalés par le prédateur, ces inhibiteurs de protéases s'accumulent dans le tube digestif où ils s'accrochent aux peptidases des sucs digestifs de l'insecte, inhibant leur activité de dégradation. Les débris végétaux, intacts, s'accumulent alors dans le bol digestif provoquant unc indigestion carabinée qui décourage l'herbivore de poursuivre son repas. Empêché de terminer son festin, il s'envole ou marche vers d'autres victimes.

En forêt, la probabilité qu'une plante perçoive et réponde aux COV émis par une autre plante soumise à une prédation dépend non seulement de la concentration des substances chimiques émises et de la distance entre les deux voisines mais encore de la direction et de la force du vent. Bien que les données scientifiques pour soutenir cette hypothèse soient encore peu nombreuses, il est possible que les signaux échangés soient mieux perçus par les plantes appartenant à la même espèce. Ces signaux d'alerte diffusibles ne semblent pas agir au-delà de quelques dizaines de centimètres. Les biologistes Martin Heil et Rosa Adame-Álvarez du Cinvestav (Irapuato, Guanajuato, Mexico) ont démontré que les plantes situées à plus de 50 cm d'une feuille blessée étaient incapables de percevoir le signal d'alerte. Ce sont surtout les feuilles de la plante attaquée qui répondent au signal. Pour paraphraser ces auteurs : « La communication entre les plantes est plutôt un soliloque. » De plus, la plante qui émet ces signaux n'a aucun contrôle sur leur propagation qui est aléatoire et fortement dépendante des courants d'air et des caprices du vent. Contrairement à certaines affabulations, les arbres d'une forêt sont bien incapables de s'alerter mutuellement de la présence imminente de prédateurs par le biais de ce langage chimique.

En diffusant dans l'atmosphère qui entoure le végétal blessé, le jasmonate de méthyle et les COV signalent également la présence des prédateurs phytophages à leurs ennemis, les parasitoïdes. Ces derniers sont des insectes qui se développent aux dépens d'autres insectes. Au stade de larve ou de nymphe, ils consomment les tissus internes de leur hôte, ce qui conduit à leur mort dans des conditions particulièrement atroces. L'entomologiste Jacques-Henri Fabre a su décrire avec beaucoup de poésie ses interactions mortelles dans ses *Souvenirs entomologiques*. Ainsi, lorsque la chenille de la légionnaire de la betterave grignote avec entrain une feuille savoureuse, elle déclenche un processus écologique qui lui sera fatal. En effet, cette noctuelle avale lors de son festin une grande quantité d'acide linolénique, un des acides gras majeurs des cellules foliaires. Dans son tube digestif, l'acide linolénique consommé se lie à la glutamine, un acide aminé abondant, pour former un conjugué appelé la « volicitine ». Ce composé diffuse dans les régurgitations de la vorace chenille. La volicitine déclenche alors chez la plante attaquée la synthèse de jasmonate de méthyle, qui diffuse dans l'air ambiant et attire une petite guêpe parasitoïde, *Cotesia marginiventris*, qui vient pondre ses œufs dans la chenille, la condamnant ainsi à une mort certaine, dévorée de l'intérieur par les larves de la guêpe. Bien que cette interaction tripartite betterave-noctuelle-*Cotesia* soit très spécifique, des mécanismes similaires existent chez les autres plantes attaquées par d'autres insectes. Encore plus surprenant, les travaux de scientifiques néerlandais montrent que les COV libérés par des arbres infectés par une pullulation de chenilles attirent les mésanges, grandes consommatrices d'insectes. Pour éviter d'être mangées sur pied, les plantes au cours de leur évolution ont mis à profit le fameux précepte « Les ennemis de mes ennemis sont mes amis ». J'aime à dire qu'elles recrutent leurs « gardes du corps ».

Les défenses des plantes sont multiples et échelonnées. Les collègues phytopathologistes, qui étudient les maladies des plantes et qui tentent de stimuler leurs réactions de défense des végétaux face à leurs agresseurs, peuvent jouer des métaphores militaires dans leur enseignement. À croire que le marquis de Vauban, ingénieur et architecte militaire de Louis XIV, s'est inspiré des plantes pour rédiger ses traités sur l'art d'organiser l'attaque ou la défense lors du siège d'une ville ou d'une place forte. Les arbres sont de formidables forteresses. Pour leur permettre de survivre dans un monde hostile, en butte à des attaques permanentes pendant des centaines d'années, parfois des milliers d'années, l'évolution a doté les arbres de multiples lignes de défense et d'un système immunitaire très efficace.

La première ligne de défense est structurelle. Les poils (ou trichomes) et les épines limitent la progression de l'intrus, mollusque ou insecte herbivore, sur la surface de la feuille ou de la tige. Ce moyen de défense est modulable. Il a ainsi été montré que la densité des trichomes sur la surface des nouvelles feuilles du saule gris (*Salix cinerea*) augmentait en réaction aux dégâts provoqués par le phyllodecte de l'osier, un coléoptère herbivore, principal ravageur des saules. Ces adaptations morphologiques ont pour but de limiter l'herbivorie en rendant les végétaux moins attirants et moins faciles d'accès vis-à-vis des phytophages. Elles recouvrent la plupart des végétaux et sont l'équivalent des enchevêtrements de fils barbelés utilisés par les militaires pour perturber, retarder et généralement ralentir les attaques ennemies. Certaines de ces excroissances épidermiques, les poils glandulaires, sont même capables d'exploser et ainsi de déverser des terpènes, des composés phénoliques, des alcaloïdes, des résines gluantes ou d'autres substances répulsives et insecticides, telles que les fameuses pyréthrines insecticides, sur l'attaquant afin de l'immobiliser. Les cires épicuticulaires, composées de cristaux d'hydrocarbures aliphatiques comme les paraffines, protègent les feuilles en les enrobant d'une cuticule qui augmente la résistance à la morsure des insectes et à la pénétration par les microbes pathogènes. La protection extérieure est renforcée par la subérisation et la lignification des parois des cellules formant ainsi un bouclier, un exosquelette, difficile à pénétrer. Les conifères sont connus pour accumuler de fortes concentrations de cristaux d'oxalate de calcium, les raphides, dans leur tissu conducteur de sève élaborée, le phloème – un moyen particulièrement efficace de ralentir la progression des scolytes qui aiment nicher dans ces tissus de l'arbre. Les scarabées typographes et sténographes s'y usent les mandibules. Cette diversion peut être mise à profit pour accumuler composés phénoliques et résines toxiques.

Le système de défense passive le plus sophistiqué a été mis en place par les plantes carnivores. Au cœur des tourbières, émergeant de leur tapis de sphaignes, les petites fleurs blanches de la rosée du soleil, alias droséra à feuilles rondes (*Drosera rotundifolia*), sont particulièrement discrètes et innocentes. S'égarer sur l'une de ces feuilles présente cependant un danger mortel. En parcourant les tourbières acides du massif des Écrins ou de la Vanoise, j'ai souvent eu la bonne surprise de découvrir sa rosette de feuilles orbiculaires couvertes de poils rouges se terminant par des glandes visqueuses. Ce sont de véritables cimetières à insectes. Les malheureux se posent sur les feuilles où ils restent englués par la matière visqueuse produite par ces minuscules tentacules. Ils ont beau se débattre, les insectes prisonniers sont alors digérés par le suc digestif, riche en pepsine, contenu dans les poils glandulaires. La droséra n'est pas la seule plante insectivore que vous pourriez découvrir en marchant sur les sentiers alpins. Les bords de ruisselets et les sources hébergent la grassette commune (*Pinguicula vulgaris*). Sa rosette de feuilles d'un vert clair jaunâtre se repère aisément sur le lit de mousses. J'aime particulièrement l'élégance de sa fleur, composée de pétales violets soudés et d'un petit éperon, perchée à l'extrémité d'un pédicelle flottant dans le vent. La grassette est recouverte de glandes collantes qui piègent les petits insectes. La droséra, la grassette et plus de 700 espèces végétales sont entomophages ; poussant sur des milieux pauvres, elles ont développé un excellent moyen d'enrichir leur ration alimentaire tout en se défendant des agresseurs. On voit bien que l'atterrissage sur une feuille ou une fleur ou l'escalade d'une tige peut présenter des risques mortels pour les envahisseurs. Il va sans dire que les organes souterrains des végétaux – racines, tubercules et rhizomes – sont protégés par des lignes de défense aussi redoutables.

Puis tout est mis en œuvre pour réduire l'appétence des tissus végétaux qui sont l'objet de tant de convoitises ; l'arme consistant à empoisonner l'ennemi. Les plantes, et les arbres en particulier, sont de grandes spécialistes de la guerre chimique. Elles fabriquent par le biais de nombreuses voies métaboliques complexes un arsenal remarquable de plus de 500 000 composés chimiques (par exemple, les alcaloïdes, les terpènes, les anthocyanes et les tanins). Chaque espèce de plante fabrique son cocktail de toxines ayant un effet direct sur l'herbivore qui s'alimente aux dépens des tissus végétaux. Dans ce domaine, l'ingéniosité des plantes est sans limite, la richesse de leur arsenal chimique est le résultat de millions d'années d'évolution sous la pression permanente des prédateurs. Il peut s'agir de molécules toxiques stockées dans les feuilles sous forme inactive (phytoanticipines) ou rapidement accumulées en réaction à la blessure (phytoalexines). Par exemple, des alcaloïdes, comme la nicotine, la strychnine, la morphine ou la mescaline, ont une activité toxique sur les insectes, mais également sur les mammifères, y compris les humains. Les glucosinolates (thioglucosides) sont des phytoanticipines compartimentées dans la vacuole des cellules. Quand les tissus sont blessés, les glucosinolates entrent en contact avec la myrosinase, une enzyme, et ils sont alors hydrolysés en composés actifs, comme les isothiocyanates et les nitriles. Ces derniers sont toxiques pour les insectes, aussi bien en phase gazeuse, que par contact ou après ingestion. Chez les euphorbes, les laitues, les pavots ou l'hévéa, la présence d'un latex corrosif constitue une excellente arme de dissuasion contre les indélicats qui tenteraient de croquer les tissus irrigués de canaux laticifères.

Chez le chêne pédonculé (*Quercus robur*), les tanins condensés tels que la catéchine, la gallocatéchine et la vanilline présents dans les feuilles inhibent les larves de la teigne d'hiver du géomètre (*Operophtera brumata*), alors que les composés polyphénoliques formant les tannins protègent les feuilles du peuplier tremble et les aiguilles de pin sylvestre. Enfin, des protéines de défense, comme les lectines, les peroxydases, les polyphénoloxydases ou les chitinases, sont sécrétées par la plante et, une fois ingérées par l'insecte, elles peuvent exercer leur action toxique (par exemple, la formation de quinones hyperréactives) dans l'intestin ou l'hémolymphe. Des inhibiteurs de protéases digestives empêchent la dégradation de ces protéines de défense. Ils empêchent aussi la digestion intestinale des protéines consommées provoquant une carence aiguë en acides aminés ralentissant la croissance de l'herbivore. Ces multiples composés de défense s'accumulent dans les cellules végétales en permanence et leur concentration devient très élevée dans une feuille adulte. Les feuilles d'un chêne âgé ont stocké une telle concentration de tannins qu'elles sont quasiment immangeables. De plus, la synthèse des toxines est le plus souvent amplifiée par la blessure provoquée par l'intrus. Dans cette course aux armements sans fin, certains insectes ont développé la capacité de limiter l'effet de ces poisons. Par exemple, la magnifique chenille verte du sphinx du tabac (*Manduca sexta*) se nourrit sans problème des feuilles de tabac grâce à un mécanisme pour éliminer et excréter la nicotine, un puissant neurotoxique qui indispose la plupart des autres insectes. Quand la chenille consomme des feuilles de tabac, elle active un gène codant la synthèse du cytochrome P450, une hémoprotéine qui assure la détoxification de l'alcaloïde via une réaction d'oxydo-réduction, ainsi que son excrétion.

Le dérèglement climatique constitue une menace supplémentaire pour la santé des forêts. Les épidémies d'insectes et d'agents pathogènes coïncident souvent avec la sécheresse. En tant qu'organismes sessiles, les arbres répondent à la sécheresse et aux attaques biotiques en allouant des ressources, telles que le carbone, l'azote et l'eau, à la biosynthèse d'un large éventail des composés métaboliques de défense que nous évoquions. Des études récentes se sont intéressées à l'impact de la sécheresse sur les interactions physiologiques entre les conifères et les scolytes, les principaux agents de mortalité des forêts de conifères en Chine, en Europe et en Amérique du Nord. Dans un épicéa, les sucres solubles et l'amidon, produits par la photosynthèse dans les feuilles, constituent la ressource carbonée primordiale qui est distribuée entre plusieurs processus consommateurs. Ces « puits » incluent notamment la croissance des structures cellulaires et tissulaires, la respiration, la reproduction, la mise en réserve et les mécanismes de défense. Les physiologistes considèrent que la distribution du carbone est déterminée par un compromis entre la production de ressources carbonées provenant d'une « source » – dans le cas présent, la photosynthèse qui siège dans les feuilles – et la consommation par des « puits » – les organes de la plante qui ont besoin d'énergie comme les racines en croissance ou ceux qui fabriquent les composés chimiques de défense. La croissance est généralement le processus le plus consommateur de sucres. Son intensité détermine la disponibilité des sucres pour les autres besoins du végétal. Toutefois, les arbres sont capables d'allouer préférentiellement leurs sucres foliaires aux processus de biosynthèse des composés de défense, comme les terpènes, plutôt qu'à la croissance. En effet, leur longévité exceptionnelle augmente le risque d'exposition aux conditions de stress abiotique (par exemple, la sécheresse) ou biotique (comme les attaques d'insectes et les infections par des microbes pathogènes). Le plus souvent, l'investissement des ressources carbonées dans la fabrication des composés de défense ne se produit que lors d'une agression. L'arbre évite ainsi une dépense inutile de ressources en l'absence d'herbivores. Cependant, l'activation, la synthèse et l'accumulation des composés de défense sont parfois trop lentes pour atteindre des niveaux efficaces contre les invasions brutales de coléoptères, comme les scolytes, qui attaquent en masse les arbres affaiblis par des sécheresses répetées.

À la suite des sécheresses estivales et automnales exceptionnelles de 2018 et 2019, couplées à des températures anormalement élevées, les forestiers de l'Office national des forêts (ONF) ont observé dans plusieurs massifs forestiers du Val de Loire, du Quercy et du Bourbonnais que les chênes sessiles et pédonculés montraient une perte de vitalité se traduisant par une mortalité des organes pérennes (rameaux et branches) et un éclaircissement du houppier. Ce stress intense réduit la capacité de défense des arbres affaiblis aux agressions des insectes, parasites de faiblesse. Dès les premiers signes de dépérissement, des insectes comme l'agrile du chêne (*Agrilus biguttatus*) s'installent sous l'écorce où ils détruisent le cambium en creusant leurs galeries, bloquant la circulation de la sève. Les agriles sont des insectes endémiques dans les branches cassées. À la faveur de périodes chaudes et sèches, ils prolifèrent et colonisent massivement les arbres stressés et entraînent rapidement leur mort.

Malheureusement, les chênes ne sont pas les seuls arbres affectés par les sécheresses estivales récentes et les invasions d'insectes qui les accompagnent. Des centaines de milliers d'épicéas, plantés dans les plaines d'Europe, souffrent d'un dépérissement catastrophique. Affaiblis par les sécheresses à répétition, ils sont attaqués par une espèce d'insectes coléoptères de la famille des Curculionidés, le scolyte alias le typographe tueur d'épicéas. En Colombie-Britannique et dans l'Alberta, un autre scolyte, le dendroctone du pin ponderosa, cause des dégâts encore plus considérables depuis les années 2000. Plus de 13 millions d'hectares de pinèdes de l'ouest du Canada sont affectés par des pullulations du dendroctone du pin, qui avance à travers les montagnes Rocheuses et qui pourrait atteindre à terme les grandes forêts de l'Ontario et du Québec. Ces pullulations semblent être la conséquence du réchauffement climatique car les larves sont moins nombreuses à mourir lors des hivers plus doux que l'on connaît désormais dans cette partie du Canada. La propagation du parasite est également favorisée par la circulation de bois et de véhicules transportant les grumes contaminées. En tant que président du conseil scientifique du programme Tria (Genomics of the Mountain Pine Beetle System) mis en place par la fondation Génome Canada pour étudier cette épidémie de scolyte, j'ai pu constater tout l'intérêt de développer des recherches intégrées impliquant entomologistes, génomiciens, généticiens, pathologistes, physiologistes, écologues, modélisateurs et économistes afin d'étudier ces phénomènes très complexes.

Ces dernières années, la répartition des précipitations a été profondément modifiée avec de longues périodes sans pluie au printemps et en été. Soumis à des sécheresses répétées et des épisodes de canicules intenses, les épicéas puisent dans leurs stocks de sucres. Lorsqu'elles s'amenuisent, ils deviennent de plus en plus fragiles, leur croissance ralentit et ils sont incapables de fabriquer les composés de défense nécessaires pour lutter contre les insectes parasites. Les scolytes des épicéas, des coléoptères qui répondent au joli nom de typographe ou de chalcographe, pénètrent sous l'écorce et forment des galeries dans les tissus vivants sous-corticaux se nourrissant de l'amidon et des acides aminés qui y sont accumulés. En creusant leurs tunnels, ils détruisent irrémédiablement les vaisseaux conducteurs qui assurent la circulation de la sève, asséchant les arbres sur pied. Les forestiers qui parcourent les plantations de résineux ne peuvent que s'attrister des ravages considérables causés par les pullulations de ces insectes phytophages.

Avec leur corps cylindrique de quelques millimètres et leurs élytres brun rouge, ils ont l'air inoffensif. Les adultes passent l'hiver engourdis dans les branches mortes jonchant le sol, sous l'écorce des arbres morts ou dans la mousse. En avril, quand la température se réchauffe (18-20 °C), les insectes sortent de leur torpeur et essaiment à travers la forêt. Les mâles virevoltent lourdement à travers les plantations d'épicéas en quête des arbres affaiblis, malades ou abattus. Ils sont irrésistiblement attirés par des substances odorantes émanant des tissus corticaux de ces arbres. Après avoir percé un canal de pénétration à travers l'écorce, ils creusent la chambre d'accouplement dans les tissus vivants du phloème, le tissu conducteur de la sève élaborée. Les mâles y attirent alors les femelles en libérant des substances attractives, les phéromones, et les fécondent. Partant de cette chambre, chaque femelle fécondée fore sa galerie sous l'écorce en se nourrissant et en pondant régulièrement dans des encoches situées de part et d'autre de ce tunnel maternel, au fur et à mesure de sa progression. Perpendiculairement à chaque galerie maternelle, les larves forent des galeries sinueuses qui se terminent par un berceau de nymphose où apparaît l'adulte. Ce dernier gagne l'extérieur en creusant un canal de sortie. On peut dénombrer plus de 60 000 typographes par arbre. Les nombreuses galeries creusées par les larves détruisent les tissus conducteurs de leur hôte, interrompant ainsi le flux de sève et entraînant la mort de l'arbre. Lors de votre prochaine randonnée en forêt, je vous encourage à soulever des fragments d'écorce de l'un de ces épicéas assassinés ; vous pourrez alors admirer les multiples galeries formant des motifs qui évoquent des lettres typographiques ou l'art des aborigènes australiens. Magnifiques, mais mortelles, gravures !

Un arbre en bonne santé dispose pour se défendre d'un arsenal de composés chimiques insecticides et de défenses structurelles (lignine, résines) lui permettant d'engluer ou de noyer les insectes s'introduisant dans la partie superficielle de son tronc. Ces processus de défense sont toutefois moins efficaces chez un arbre malade. Prenons l'exemple d'un scolyte typographe. Si les tissus localisés sous l'écorce de l'arbre lui fournissent une nourriture riche et abondante et un abri sûr, il lui faut annihiler les redoutables défenses constitutives et induites de son hôte. Les résineux, comme l'épicéa, possèdent un réseau sophistiqué de canaux résinifères et de glandes qui accumulent de grandes quantités d'oléorésine, un mélange visqueux de terpènes qui constitue une arme chimique d'autodéfense très efficace. L'exsudation de gouttelettes de résine permet d'engluer ou de retarder la progression du coléoptère tout en libérant des toxines chimiques qui agissent sur le cycle de vie du scolyte. Par exemple, à des concentrations élevées, les monoterpènes du phloème tuent les scolytes et leurs symbiotes fongiques et bactériens. En revanche, les scolytes exploitent ces molécules comme stimulateurs et précurseurs des phéromones qui les poussent à se rassembler lors de la reproduction. Quand l'attaque est menée par un individu solitaire ou un petit gang, les défenses de l'épicéa attaqué sont capables de stopper la colonisation des intrus. Toutefois, lors des attaques massives que nous avons connues dans les Vosges et dans la Meuse, les scolytes réussissent à circonscrire les défenses de l'épicéa en s'aidant de divers champignons capables de neutraliser les toxines végétales. Le forestier dispose de bien peu de moyens pour contrer ces pullulations de scolytes, si ce n'est le débardage rapide des arbres malades et des chablis. Les mélanges diversifiés d'essences sylvicoles ou de variétés d'une même espèce de conifère permettraient certainement de limiter les proliférations favorisées par les grandes plantations d'une même variété d'épicéa du même âge – les monocultures équiennes de résineux décriées à raison par les environnementalistes.

Outre les terpènes, le phloème des conifères contient également un éventail très diversifié de composés phénoliques solubles, tels que les stilbènes et des flavonoïdes. Ces composés sont capables d'inhiber l'action des phéromones d'agrégation des scolytes. Toutefois, le mode d'action de ces molécules de défense potentielles est encore mal connu car leur efficacité varie selon les espèces d'arbres, les espèces de coléoptères et leur cortège de champignons et bactéries symbiotiques.

Les insectes associés aux plantes sont également des vecteurs de nombreuses maladies. Outre de nombreux virus pathogènes injectés dans les plantes par les pucerons, les phytophages peuvent transmettre de redoutables maladies bactériennes. Ces dernières années, une bactérie « tueuse d'olivier » a fait la une des médias européens. La bactérie *Xylella fastidiosa* est une espèce de protéobactéries Gamma de la famille des Xanthomonadacées. Elle est capable d'infecter plus de 350 espèces végétales dont les chênes, la vigne, l'olivier ou les agrumes. La gravité de la maladie varie selon la souche bactérienne et la plante-hôte. Ainsi, on constate une grande diversité de situations dans le monde. Aux États-Unis, la bactérie est connue comme l'agent de la maladie de Pierce qui a fortement touché les vignobles californiens à la fin du XIXe siècle. Elle est également responsable de la chlorose des agrumes au Brésil depuis la fin des années 1980. Depuis 2013, elle décime les oliveraies italiennes où elle provoque le complexe de dessèchement rapide de l'olivier. La bactérie pénètre dans les vaisseaux conducteurs du xylème et provoque leur obstruction. Elle est ensuite acquise par des insectes vecteurs de type piqueur-suceur, comme les cicadelles et les cercopes, qui restent infectieux toute leur vie. Le vecteur avéré en Europe est le cercope des prés.

En juillet 2015, *Xylella fastidiosa* est détectée à Propriano, en Corse, sur le polygale à feuilles de

Myrte et des genêts d'Espagne. Le large spectre de plantes-hôtes que cette bactérie est capable d'infecter et l'impact socio-économique de certaines maladies qu'elle engendre aux États-Unis, au Brésil, en Italie, provoquent une inquiétude légitime chez les phytopathologistes et les producteurs d'olives. Une politique d'éradication est rapidement mise en place. Les chercheurs de l'Inrae se mobilisent alors afin de développer des outils d'identification des souches bactériennes et d'établir une cartographie de l'épidémie éventuelle. Rapidement, il est mis en évidence que la sous-espèce de *Xylella fastidiosa* présente en Corse est différente de celle qui s'attaque aux oliviers italiens dans les Pouilles. C'est un soulagement ! Grâce à de nouveaux outils moléculaires de détection de la bactérie dans les insectes, les scientifiques démontrent que *Xylella fastidiosa* est présente sur l'ensemble du territoire corse. Elle a probablement colonisé la Corse depuis plusieurs dizaines d'années. Le séquençage des génomes des souches majoritaires isolées en Corse montre qu'il s'agit de souches divergentes des souches américaines responsables de maladies sur les amandiers et les chênes. Il s'agit désormais de limiter la progression de *Xylella fastidiosa* et d'anticiper la colonisation de nouveaux territoires grâce à la surveillance épidémiologique.

Les végétaux et les insectes phytophages ont évolué de concert pendant des millions d'années. Au cours de cette longue coexistence, les plantes ont développé un ensemble de défenses constitutives et inductibles terriblement efficaces. Leurs pertes sont lourdes, mais elles continuent à conquérir de nombreux territoires et à coloniser le moindre espace disponible. Leurs ressources carbonées irriguent et alimentent de nombreuses chaînes trophiques dans tous les écosystèmes terrestres, aquatiques et marins. Toutefois, dans leur bataille quotidienne pour survivre à la dévoration des herbivores, les plantes n'ont d'autre choix que d'allouer une part importante de leurs ressources à leur système immunitaire de défense. Ce compromis se solde souvent par des pertes notables de croissance et des entraves à leur développement. Plus grave, un investissement trop important dans l'effort de guerre peut grever les chances de reproduction – c'est alors synonyme de déficit économique majeur pour les plantes d'intérêt économique comme les céréales et les agrumes. Cependant, dans la plupart des écosystèmes naturels, un équilibre entre les plantes et les insectes phytophages est maintenu et permet le développement des communautés végétales et d'herbivores. Les grandes cultures monospécifiques de plantes domestiquées sont plus fragiles. Cibles idéales pour les ravageurs, ces dernières ne peuvent survivre que grâce à l'utilisation massive et répétée d'une gamme de produits phytosanitaires où les insecticides ont une bonne place. En forêt, les conséquences catastrophiques de l'herbivorie sont surtout le fait de pullulations sur des plantes affaiblies, par exemple, l'attaque des épicéas par les scolytes, ou d'invasion d'espèces exotiques, comme la pyrale du buis ou la graphiose de l'orme.

Bien que l'étude de la résistance induite par les insectes ravageurs constitue un champ de recherche désormais très actif qui intéresse les phytopathologistes, les entomologistes, les agronomes et les écologues, les mécanismes moléculaires impliqués dans les interactions plantes-insectes sont encore bien mal connus. Il nous reste à entreprendre un inventaire détaillé des nombreuses molécules de signalisation régulant l'herbivorie, à caractériser leur mode d'action et les cascades moléculaires qu'elles déclenchent. Nous sommes nombreux à espérer qu'une meilleure connaissance de la résistance induite chez les plantes par les insectes phytophages permettra d'interpréter les interactions écologiques entre les plantes et les herbivores et de les exploiter dans la lutte contre les ravageurs des cultures et des forêts dans un contexte de changement climatique majeur.

CHAPITRE 4

À l'assaut de l'arbre forteresse

> « Des gémissements partaient de la terre et montaient lourdement dans la sève des troncs jusqu'à l'écartement des grosses branches. »
>
> JEAN GIONO, *Le Chant du monde*, 1934

Le champ d'étoiles et la lune blafarde étaient occultés par une épaisse couche de nuages. Dans la nuit profonde, la forêt était encore invisible mais les effluves puissants qui en émanaient étaient bien perceptibles. Silencieux, les mycètes se laissaient chuter vers la canopée parfumée, protégés par leur enveloppe chitineuse. Ils étaient microscopiques, mais si nombreux qu'ils formaient un voile qui densifiait la nuit. Leurs cibles se rapprochaient à grande vitesse. Des géants formidables pour ces êtres minuscules, de grands peupliers trembles mêlés à d'innombrables mélèzes couvrant les flancs de la montagne dans le vallon de Maurin. Il leur fallait absolument atteindre les jeunes feuilles des trembles qui frémissaient sous le vent. Leur programme génétique, modelé par des millions d'années de coévolution, ne leur laissait aucune alternative. Ils étaient formatés pour reconnaître, infecter et se repaître de cet arbre et pas d'une autre plante. Ces mycètes parasites n'avaient pas les armes qui auraient pu leur permettre de tromper le système de surveillance des épicéas ou des pins voisins et de franchir les multiples barrières de protection de leurs aiguilles. Ils étaient hautement spécialisés. Les envahisseurs appartenaient à une grande famille de champignons pathogènes, les rouilles, parasitant plus de 40 000 espèces végétales. Toutefois, chaque espèce de rouille avait son hôte spécifique : peuplier, chêne, vigne, blé, soja ou une autre de leurs nombreuses victimes. Souvent, elles étaient capables d'alterner avec un autre hôte, mais jamais plus.

En cette nuit d'été, une bande de *Melampsora larici-tremulae* attaquait ses victimes de prédilection, les peupliers trembles. Ils atterrirent en douceur sur les feuilles et, patiemment, attendirent quelques heures que l'humidité environnante soit suffisamment élevée pour permettre aux spores de germer et de déployer l'attirail qui allait assurer l'assaut, leur tube germinatif. Les feuilles flottant sous la brise étaient comme un escadron de vaisseaux forteresses, indépendants mais en communication permanente. Chacune d'entre elles était dotée de systèmes de surveillance, d'alerte et de protection redoutablement sophistiqués et efficaces.

En quelques secondes, elles pouvaient détecter plusieurs des composants de la surface de l'assaillant et donner l'alarme pour déclencher des contre-mesures (par exemple, des composés phénoliques toxiques ou des missiles enzymatiques) qui écraseraient la centaine d'assaillants parsemant la surface du limbe foliaire. Mais leur race de mycète avait évolué afin de tenir compte des échecs des générations précédentes ; mutation après mutation, leur stratégie d'attaque avait été modifiée par une sélection naturelle impitoyable en réaction aux capteurs hypersensibles et aux armes défensives mortelles des grands arbres. Ces parasites obligatoires ne pouvaient perpétuer leur espèce qu'à la condition d'investir la feuille et de puiser dans ses immenses ressources de nutriments (sucres et acides aminés). En quelques jours, ils devaient envahir le parenchyme foliaire sans le détruire, faire une razzia sur les sucres stockés nécessaires à leur multiplication explosive et construire l'énorme dôme qui devrait déchirer l'épiderme foliaire avant d'émerger à la surface et libérer les millions de spores contenant l'ADN de la génération future.

Aujourd'hui, après des siècles de patience, ils savaient comment contourner le système de surveillance et les défenses de leur hôte. Leur stratégie était imparable et leurs armes affûtées. Ils ne laissaient plus aucune trace. Après avoir vérifié grâce aux odeurs et sécrétions émanant de leur hôte qu'ils avaient atteint la bonne cible, les mycètes se lancèrent à l'attaque, rapides et efficaces. Pas question de tenter de percer le bouclier constitué de l'épaisse couche de cire cuticulaire étanche avant d'abattre la paroi de l'épiderme foliaire. Ils n'avaient pas la puissance de feu nécessaire. Les assaillants avaient découvert une faille dans la cuirasse. En effet, le limbe était parsemé de conduits d'aération discrets qui ouvraient sur l'intérieur de la forteresse : les stomates. C'est par ces orifices que la plante absorbait le gaz carbonique, le CO_2, combustible de la photosynthèse, et libérait de la vapeur d'eau et l'oxygène. Comme des serpents rampant sur la surface foliaire, de longs tubes protoplasmiques venaient de surgir des spores fixées sur la surface et se glissaient vers les ostioles stomatiques en évaluant avec précision la pente qui y menait. Sans coup férir, ils franchirent la porte sans être repérés par les cellules de garde qui les encadraient ! Une fois les stomates forcés, les melampsoras s'empressèrent d'investir la chambre sous-stomatique, leur donnant ainsi accès au cœur de la feuille, son précieux parenchyme mésophyllien où s'accumulaient les réserves carbonées résultant de l'activité photosynthétique de la journée. Le système de détection du peuplier n'avait pas encore repéré la présence des intrus. Ils étaient invisibles, pas un des composants de leur armure chitineuse (par exemple, leurs chito-oligosaccharides), pas une de leurs traces n'étaient répertoriés dans la base de données du système de détection immunitaire du végétal. Ces assaillants de la nouvelle génération étaient totalement indétectables, furtifs.

Au niveau de chacun des points d'infection, les filaments fongiques intercellulaires investissaient leur hôte en perforant la paroi pectocellulosique de plusieurs cellules du parenchyme mésophyllien grâce à des ciseaux moléculaires – des enzymes de dégradation –, puis s'élargissaient en invagination dans les cellules. Ils construisaient ainsi une interface augmentant considérablement la surface de contact avec la membrane plasmique de l'hôte. Ce suçoir microscopique, l'haustorium, était un organe particulièrement efficace pour puiser les sucres et bien d'autres éléments nutritifs qui allaient alimenter pendant des jours les envahisseurs. Moins de vingt-quatre heures après l'attaque, un flux constant de nourriture transitait par ce complexe haustorial, encastré dans une matrice protectrice. Les pillards l'utilisaient également pour injecter dans les cellules parasitées des centaines de petites protéines jouant le rôle de leurres afin de tromper le système de surveillance végétal et d'autres protéines effectrices manipulant le système immunitaire végétal et son métabolisme. Les melampsoras avaient réalisé un coup d'État en toute discrétion. Ils avaient pris le contrôle du vaisseau foliaire. Le saccharose de la feuille était dégradé en glucose et en fructose par une enzyme secrétée dans l'interface, l'invertase ; une fois absorbés par l'haustorium, ces sucres étaient immédiatement transportés dans les cellules fongiques où ils étaient transformés en sucres typiquement fongiques, comme le mannitol. D'autres transporteurs assuraient un transfert efficace d'acides aminés. Tous ces métabolites servaient de combustibles à la machinerie cellulaire soutenant la prolifération des filaments fongiques et multipliant massivement le nombre des cellules infectées. Le pillage allait durer plus d'une semaine avant que de vastes superstructures d'incubation des spores, les urédies, puissent être construites afin de fabriquer et stocker les spores. Ces pustules orangées jailliraient à la surface de la feuille exsangue et libéreraient des quantités importantes de spores qui seraient disséminées par le vent, permettant ainsi la propagation de la maladie et du patrimoine génétique.

Les trembles avaient perdu cette bataille mais, un jour prochain, ils seraient capables de détecter les assaillants. Certains des arbres du vallon de Maurin avaient modifié leur scanner moléculaire afin de pouvoir détecter les sécrétions laissées par les nouveaux parasites, aujourd'hui victorieux. Cette nouvelle génération de peupliers pourrait alors repérer ses futurs adversaires et les annihiler avant qu'ils ne pénètrent trop profondément dans la feuille. Ils transmettraient le code à leurs descendants afin d'assurer leur protection.

J'espère que mes collègues phytopathologistes ne m'en voudront pas mais, dans ce chapitre, je n'ai pas pu résister à l'envie d'utiliser des métaphores guerrières pour décrire l'attaque des feuilles de tremble par la rouille. Elles me semblaient parfaitement correspondre aux processus se déroulant lors de ces infections redoutables. De fait, les agriculteurs et les forestiers sont en guerre contre ces champignons parasites. Les rouilles du blé (*Puccinia graminis*, *Puccinia recondita*, *Puccinia triticina*, *Puccinia striiformis*), la rouille du soja (*Phakopsora pachyrhizi*), la rouille du haricot (*Uromyces appendiculatus*), la rouille du lin (*Melampsora lini*), les rouilles du caféier (*Hemileia vastatrix* et *Hemileia coffeicola*) et les différentes rouilles du peuplier agissent comme *Melampsora larici-tremulae* pour piller leur plante-hôte. Parasites obligatoires, elles sont incapables de vivre de façon autonome. Leur règle de conduite est simple : infecter, mais sans tuer leur hôte afin de pouvoir les vampiriser à leur aise, laissant leurs victimes épuisées. Il n'est pas rare d'observer au milieu de l'été des peupliers « rouillés » dont le feuillage est couvert de millions de pustules orangées, puis les feuilles vidées de leur substance tombent prématurément. Quoique ces épidémies ne tuent pas les peupliers, elles les affaiblissent. Autrement plus inquiétant, les rouilles des céréales et des plantes cultivées causent des pertes de rendement considérables et sont responsables d'épidémies ayant conduit à des famines dans plusieurs régions de l'Afrique et de l'Asie. Autrefois, les Romains offraient des sacrifices au dieu Robigus en espérant qu'il éloigne les épidémies de rouilles de céréale des cultures. De nos jours, les pertes s'élèvent en moyenne de 5 à 20 %, mais peuvent atteindre 50 % dans les cas les plus graves. L'apparition de nouvelles races agressives de rouille jaune et de rouille noire du blé dans plusieurs régions du monde constitue une réelle menace pour l'alimentation de plus d'un milliard de personnes dans les pays en développement. Il est vrai que l'agriculture et la sylviculture modernes favorisent les épidémies en cultivant par millions des variétés domestiquées, plus fragiles. C'est une aubaine pour les ravageurs qui n'ont plus à chercher leurs victimes perdues dans l'abondante diversité végétale des écosystèmes naturels.

Les agents pathogènes de la rouille dont nous venons de conter les méfaits ne sont pas les seuls microbes causant des maladies chez les végétaux. En fait, ces derniers sont confrontés à un grand nombre de microbes aux styles de vie différents tout au long de leur existence, depuis les symbiotes mutualistes en passant par des agents pathogènes biotrophes, comme les rouilles, ou des parasites nécrotrophes. Les micro-organismes, qu'ils soient bénéfiques ou pathogènes, constituent donc un challenge permanent pour le système immunitaire des plantes. Il doit réagir très rapidement pour pouvoir contrôler l'entrée éventuelle des microbes. Dans le même temps, certains de ceux-ci, bénéfiques ou pathogènes, ont développé des stratégies sophistiquées pour échapper aux mécanismes de surveillance ou les perturber afin de coloniser les tissus végétaux qui les nourrissent.

L'intensification croissante du commerce international liée à la mondialisation, le changement climatique rapide, ainsi que l'affaiblissement de la résilience des systèmes de production dû à des décennies d'agriculture intensive contribuent à l'augmentation spectaculaire de la propagation des ravageurs microbiens. L'Organisation des Nations unies pour l'alimentation et l'agriculture (FAO) estime que près de 40 % des cultures vivrières mondiales sont perdues chaque année à cause des ravageurs. Sur le plan économique, les maladies des plantes coûtent à l'économie mondiale environ 185 milliards d'euros par an et les insectes nuisibles, environ 60 milliards d'euros. Plus de 85 % de ces pertes sont dues à des maladies provoquées par des champignons ou à des oomycètes pathogènes : rouilles, mildious, oïdiums, charbons, anthracnoses, pourritures, chancres, flétrissements, tavelures, fontes des semis, fumagines… la liste est bien longue. La plupart de ces maladies cryptogamiques affectent également les arbres et les autres plantes dans les écosystèmes naturels.

Une enquête récente, organisée par la revue scientifique *Molecular Plant-Microbe Interactions**, a dressé la liste des dix champignons et bactéries pathogènes considérés comme les plus importants sur le plan économique et scientifique par la communauté scientifique. En première place figure le champignon ascomycète *Magnaporthe oryzae* qui provoque la pyriculariose sur les panicules de riz. Des pertes de rendement de 10 à 30 % sont courantes. L'alimentation de plus de la moitié de la population mondiale reposant sur le riz, l'impact économique des épidémies de pyriculariose du riz est considérable. C'est pour cette raison que cet agent pathogène est également devenu un système modèle pour l'étude des interactions plantes-pathogènes. Il est indispensable de bien comprendre son processus d'infection afin de pouvoir le contrer si nécessaire.

En deuxième place vient le nécrotrophe *Botrytis cinerea*, un ascomycète polyphage ne présentant *a priori* pas de spécificité d'hôte. Il cause de graves dommages, avant et après récolte, en développant une pourriture grise sur de nombreuses cultures d'intérêt agronomique majeur comme la vigne, le tournesol, la tomate, la fraise et plus de 270 espèces végétales. Plus surprenant, ce mycète est également responsable de la pourriture noble qui permet d'obtenir, dans des conditions climatiques très particulières, certains vins liquoreux, comme le sauternes ou le tokay.

Puis apparaissent les rouilles du blé dont nous avons déjà souligné l'impact dévastateur sur les cultures de blés à travers le monde. L'apparition de la souche Ug99 de *Puccinia graminis* f. sp. *tritici*, agent de la rouille noire des céréales, en Afrique et au Moyen-Orient, est inquiétante car elle est capable de contourner les variétés résistantes à la rouille noire du blé et provoque ainsi des pertes de rendement de 100 %. Elle pourrait provoquer un désastre dans la production de blé de plusieurs pays et compromettre la sécurité alimentaire mondiale.

Les fusarioses, provoquées par l'ascomycète *Fusarium graminearum*, posent de sérieux problèmes en se développant sur les cultures de céréales. Elles affectent principalement la qualité des grains, car le champignon sécrète de grandes quantités de mycotoxines de la famille des trichothécènes qui rendent ces grains impropres à la consommation. Les différentes formes de *Fusarium oxysporum* sont responsables de nombreuses maladies, dont la principale est le flétrissement vasculaire, caractérisé par un assèchement de la plante. Ils attaquent plus d'une centaine d'hôtes différents, provoquant de graves pertes dans des cultures telles que le melon, la tomate, le coton et la banane.

L'ascomycète *Blumeria graminis* est un parasite biotrophe obligatoire. Il provoque l'oïdium des graminées, dont le blé et l'orge. Les infections réduisent le rendement des grains. L'ascomycète *Mycosphaerella graminicola* (alias *Zymoseptoria tritici*) est responsable des septorioses chez le blé et peut causer des baisses de rendement dans les cultures du nord-ouest de la France et le long des bordures océaniques.

Bien entendu les maladies des plantes ne sont pas le seul fait des champignons pathogènes. De nombreuses bactéries sont capables de pénétrer les tissus végétaux et de nuire, voire de tuer leur hôte. Parmi les agents bactériens parasites, les plus sérieux sont *Ralstonia solanacearum*, responsable de bactérioses vasculaires chez la pomme de terre, le tabac ou le bananier, le complexe d'espèces *Pseudomonas syringae* qui cause le chancre du marronnier, *Agrobacterium tumefaciens* qui provoque la galle du collet, plusieurs espèces de *Xanthomonas*, *Erwinia amylovora* qui est à l'origine du feu bactérien affectant les Rosacées, l'une des plus dangereuses maladies des poiriers, pommiers et cognassiers. Enfin, nous avons déjà rencontré *Xylella fastidiosa* qui décime les oliviers dans la péninsule italienne.

Les microbes pathogènes des plantes se comptent donc par dizaines. Comment les plantes peuvent-elles s'en prémunir ? Sur la base des connaissances actuelles, il apparaît que les plantes n'ont pas de souvenir immunitaire de leurs précédentes rencontres avec les pathogènes et pas de cellules spécifiques impliquées uniquement dans la défense, comme nos lymphocytes. Toutefois, malgré l'absence d'un système immunitaire adaptatif, tel que celui des mammifères, les plantes qui sont exposées en permanence aux infections parasitaires disposent d'un système immunitaire inné très efficace qui présente des similitudes avec celui des animaux. Cette résistance basale, non spécifique, repose en grande partie sur la perception précoce des agents pathogènes, la perception du « non-soi ». Elle stoppe l'intrusion de la très grande majorité des microbes, bactéries, champignons, oomycètes, virus, viroïdes, phytoplasmes ou nématodes. Une infection microbienne conduisant à une maladie est exceptionnellement rare grâce à un système de défense multicouche qui comprend deux composantes majeures et complémentaires : l'immunité déclenchée par les motifs moléculaires associés aux pathogènes (PAMP) ou PTI (*PAMP-triggered immunity*) et l'immunité déclenchée par les effecteurs (ETI, *effector-triggered immunity*). Afin de comprendre comment les réactions de défense d'une plante infectée fonctionnent, tentons d'accompagner dans leur incursion une bande de pillards voulant faire une razzia sur les ressources de notre peuplier tremble.

Les stomates, ces pores naturels entourés de cellules de garde spécialisées, contrôlent les échanges gazeux de la feuille. Ils constituent également des ouvertures naturelles pour l'intrusion d'agents pathogènes fongiques et bactériens, comme la rouille du tremble. En conséquence, l'immunité stomatique contre les microbes infectant les feuilles est une composante primordiale du système de défense extracellulaire de la plante. Lorsqu'ils entrent en contact avec la surface des feuilles, les microbes sont immédiatement reconnus par des récepteurs de reconnaissance de motifs, le plus souvent des récepteurs à activité kinase, appelés PRR (en anglais, *pattern-recognition receptors*). Grâce à leur domaine extracellulaire, ces capteurs sont capables de reconnaître des traces infiniment faibles de composés microbiens, appelés motifs moléculaires associés aux pathogènes (PAMP). L'interaction entre le récepteur et un PAMP lance une cascade d'événements moléculaires via l'activité de phosphorylation du domaine kinase intracellulaire de la protéine réceptrice. Chaque groupe de micro-organismes possède un certain nombre de ces éliciteurs de réactions de défense caractéristiques. Parmi ces derniers, on trouve des composants de la paroi bactérienne (lipopolysaccharides, peptidoglycanes) et des flagelles (flagelline), de la paroi des champignons (mannanes, chitine, glycoprotéines), des acides nucléiques bactériens et viraux. La perception des PAMP déclenche immédiatement une bouffée dans les flux calciques intracellulaires, une dépolarisation de la membrane plasmique, la production de dérivés réactifs de l'oxygène (DRO ; en anglais, *reactive oxygen species* ou ROS) et une cascade de modifications dans les voies hormonales, comme celles de l'acide abscissique (ABA), de l'acide jasmonique et de l'acide salicylique. Les stomates se ferment rapidement, limitant ainsi l'intrusion des microbes dépourvus d'appareil de pénétration spécialisé capable de perforer la cuticule du limbe foliaire.

Dans les quelques situations où les agents pathogènes réussissent à forcer l'ostiole stomatique et à pénétrer dans l'intimité des tissus de la plante – la chambre sous-stomatique et le parenchyme mésophyllien –, il leur reste à traverser la région de la cellule végétale située à l'extérieur de la membrane plasmique, qui comprend la paroi et les espaces intercellulaires, dénommée l'« apoplaste » (ou apoplasme). Là, ils sont confrontés à une nouvelle série de frappes défensives. Puis ils s'efforcent d'ouvrir une brèche dans la muraille qui protège l'intérieur cellulaire des agressions et des stress, la paroi pectocellulosique. Le siège de la cellule végétale est épique ; c'est une bataille sans merci entre les deux belligérants. La paroi cellulaire est un mur d'enceinte presque impossible à franchir. Elle est fabriquée à partir de fibres entremêlées et cimentées de cellulose, d'hémicellulose et de pectine, imprégnées des polyphénols de la lignine. Après des millénaires de tentatives d'intrusion, plusieurs parasites ont réussi à développer un arsenal d'enzymes hydrolytiques (cellulases, pectinases, polysaccharides lyases) afin de ramollir ou dépolymériser les composants de la paroi. Afin d'éviter l'effondrement localisé du mur d'enceinte, les cellules agressées déposent aux sites d'infection un ciment polysaccharidique, le callose, pour renforcer sa structure. Elles sécrètent également des protéines antimicrobiennes, des enzymes lytiques et des métabolites secondaires antibiotiques qu'elles déversent sur les envahisseurs de l'espace apoplastique pour les repousser. Dans le même temps, les dommages structuraux subis par la paroi des protagonistes se traduisent par la libération de produits de dégradation (*damage-associated molecular patterns*, DAMP), dont des oligosaccharides pectiques et chitiniques, qui sont détectés par des récepteurs spécialisés dans les cellules voisines. Ces éliciteurs, comme les N-acétylchitooligosaccharides, jouent alors un rôle clé dans l'activation de la signalisation immunitaire par le biais de changement dans les flux calciques et la dépolarisation de la membrane cellulaire.

Le fonctionnement de plusieurs capteurs de la famille des récepteurs à activité kinase est bien caractérisé. C'est le cas pour le récepteur de la flagelline FLS2 et le récepteur du facteur d'élongation EFR chez l'arabette des dames et le récepteur CERK1 de la chitine chez le riz. Lors de leur activation par contact avec un motif microbien conservé, un PAMP, les récepteurs déclenchent une cascade de réactions moléculaires, entraînant une série d'événements de signalisation précoce, y compris l'afflux rapide d'ions calcium via des canaux calciques, la production de dérivés réactifs de l'oxygène, l'activation de protéines de signalisation. La bouffée d'ions calcium joue un rôle majeur car plusieurs kinases et des protéases de la famille des métacaspases impliquées dans la régulation immunitaire sont directement contrôlées par le calcium. Malheureusement, on ne connaît pas encore toutes les subtilités des mécanismes moléculaires qui assurent la transduction du signal. Il nous reste à déterminer comment les protéines régulatrices activées par le calcium induisent la production de dérivés réactifs de l'oxygène et les molécules antimicrobiennes submergeant les assaillants.

Certains pathogènes sont capables de supprimer l'immunité déclenchée par les motifs conservés (PTI) en injectant des effecteurs, équivalant à des missiles ou des leurres moléculaires, dans les cellules visées. Ce sont des facteurs de virulence indispensables au processus infectieux. Les gènes qui les codent sont parmi les gènes qui évoluent le plus rapidement chez les agents pathogènes et ils présentent des taux élevés de mutations. En modifiant leur séquence fréquemment, ils échappent plus facilement au système de détection de la plante. Plusieurs dizaines d'entre eux sont injectés ou sécrétés simultanément afin de saturer les défenses de la plante. En utilisant ces effecteurs, le plus souvent des petites protéines, les assaillants microbiens procèdent à des attaques ciblées visant à désorganiser les défenses de leur adversaire. Après avoir migré vers le noyau cellulaire de l'hôte – son centre de commandement –, les effecteurs interagissent avec les interrupteurs moléculaires qui coordonnent l'ensemble des réactions de défense. Cette interaction entraîne alors leur destruction et empêche le déclenchement des réactions de défense. Grâce à cette stratégie, résultant de milliers d'années de coévolution, certains microbes pathogènes sont capables de bloquer la réaction immunitaire et ainsi d'envahir leur hôte. Dans le même temps, ces effecteurs constituent le « talon d'Achille » du microbe assaillant car ils révèlent sa présence.

Dans cette situation désespérée, il ne reste plus à la plante infectée qu'à déclencher son système de défense ultime : l'immunité déclenchée par les effecteurs (ETI). Elle est arbitrée par des centaines de récepteurs immunitaires intracellulaires, les protéines de résistance R, encodées par les gènes de résistance (*R*). La principale classe des protéines R comprend les protéines NLR (*NOD-like receptors*). Ce sont des protéines avec une architecture à multiples domaines comportant un site central de liaison à l'ADP ou l'ATP et un domaine carboxy-terminal composé de répétitions riches en leucine appelé LRR (*leucine rich repeats*). Ce domaine LRR est impliqué dans les interactions protéine-protéine ainsi que dans la liaison du ligand, comme les effecteurs des microbes pathogènes délivrés dans la cellule. De 167 à 251 gènes codant des protéines NLR sont répertoriés chez l'arabette des dames. Chez les arbres comme le peuplier, le chêne, l'épicéa et plusieurs espèces de pin, plus de 650 de ces protéines sont codées par leur génome, suggérant que ces espèces longévives, exposées plus longuement aux agents pathogènes, possèdent un arsenal de récepteurs encore plus complexe.

Selon le fameux concept « gène pour gène » édicté par le phytopathologiste américain Harold Henry

Flor en 1971 lors de son étude de l'interaction entre la rouille du lin (*Melampsora lini*) et le lin (*Linum usitatissimum*), la plante hôte possède le gène *R* codant la protéine R capable de reconnaître l'effecteur de l'agent pathogène, codé par le gène d'avirulence AVR. Une perte ou une modification dans la séquence ADN de l'un de ces deux gènes conduit à un changement dans la protéine R ou dans la protéine effectrice AVR et en conséquence, à la maladie. Au contraire, la reconnaissance de l'effecteur protéique fongique par la protéine de résistance R de l'hôte déclenche une cascade d'événements cellulaires conduisant à la résistance, le plus souvent par mort cellulaire. L'ETI pourra de nouveau être contournée par le pathogène via la production de nouveaux effecteurs que la plante reconnaîtra ensuite via la sélection de nouvelles protéines R. Ce mécanisme s'inscrit dans le processus de coévolution des plantes et des pathogènes que nous avons déjà évoqué. Une course aux armements sans fin au cours de laquelle les pathogènes contournent les barrières immunitaires des végétaux qui mettent à leur tour en place de nouvelles réponses plus spécifiques.

Bien que l'étude des processus de reconnaissance moléculaire entre protéines NLR et effecteurs soit actuellement un front de science très actif, nos connaissances sont encore très partielles et limitées à quelques plantes modèles comme l'arabette. Peu d'études sont conduites chez les arbres, mais on peut supposer que les principes généraux sont conservés. Quand je tente de me représenter le déroulement de ces processus cellulaires complexes, je me plais à imaginer une armée de guetteurs sillonnant inlassablement la mer intérieure cellulaire à la recherche des intrus, prêts à les saisir de leurs longs bras gluants. La reconnaissance de l'effecteur microbien par le récepteur NLR passe par une interaction physique entre la protéine NLR et cet effecteur, ou, indirectement, via une interaction entre la protéine NLR et une protéine ciblée par l'effecteur. Cette dernière, appelée « protéine de garde », interagit avec le complexe formé entre l'effecteur et sa cible et/ou avec la cible ayant subi des modifications structurales à la suite de son interaction avec l'effecteur. Le domaine se liant aux nucléotides des protéines NLR favorise la liaison et l'hydrolyse de molécules d'ADP ou d'ATP et permet, en provoquant des changements de conformation de la protéine NLR, l'activation des mécanismes de signalisation. Ces derniers passent par la formation d'assemblages de plusieurs protéines NLR formant des réseaux de complexité variable. L'un de ces complexes protéiques, appelé « résistosome », se constitue autour de la protéine NLR ZAR1 de l'arabette. En 2019, Wang et ses collaborateurs ont décrit pour la première fois dans deux articles de la revue *Science* la structure 3D de cette protéine NLR et mis en évidence son mécanisme d'action. ZAR1 est capable de détecter une modification subtile de la protéine PBL2 servant de leurre, un piège à effecteurs. L'effecteur AvrAC de la bactérie pathogène *Xanthomonas campestris*, une fois injecté dans la cellule végétale, s'attache à PBL2 et la modifie en ajoutant de l'uridine monophosphate (UMP) sur PBL2. Cette altération discrète provoque la liaison de la protéine modifiée ($PBL2^{UMP}$) sur le complexe préformé de ZAR1 avec RKS1, une pseudokinase. L'interaction provoque une série de modifications conformationnelles dans l'assemblage ZAR1-RKS1-$PBL2^{UMP}$ qui entraîne la constitution d'un complexe protéique pentamérique et son association avec la membrane plasmique. Ce complexe comprenant plusieurs protéines NLR est appelé le « résistosome » ; sa structure est proche de l'inflammasome mise en place chez les métazoaires lors de la reconnaissance de divers signaux inflammatoires. Le résistosome, ainsi formé, fonctionne comme un canal cationique, un pore, provoquant une entrée massive de calcium. Les auteurs suggèrent que cet influx de calcium déclenche en quelques heures de multiples réactions cellulaires qui aboutissent à la réaction hypersensible, comprenant l'accumulation rapide d'espèces réactives de l'oxygène, la désorganisation des chloroplastes et des vacuoles, la perte de l'intégrité de la membrane plasmique et, finalement, la rupture des cellules.

Ces récepteurs immunitaires sont des éléments fondamentaux de la reconnaissance du pathogène conduisant à la susceptibilité ou à la résistance des plantes. Elles activent alors la réponse hypersensible, une forme de suicide cellulaire. Si je m'autorise une nouvelle métaphore, c'est l'équivalent de la tactique de la terre brûlée si souvent employée par les armées humaines. Il s'agit de détruire ou d'endommager gravement les ressources cellulaires. Dans les zones nécrotiques, le pathogène ne peut plus se nourrir et sa progression est rapidement stoppée. Si vous prenez le temps d'observer une feuille de tomate, d'iris, de troène ou de peuplier dans votre jardin ou de l'une de vos plantes d'appartement en transparence, vous avez de bonnes chances de voir ces taches nécrotiques, noires ourlées de brun. Dans ce cas, la plante est dite « résistante », elle est capable de repousser l'agent pathogène en sacrifiant quelques tissus contaminés, mais elle ne tombe pas malade. Mais nous l'avons constaté, toutes les plantes ne possèdent pas nécessairement la protéine de résistance efficace pour chacun des pathogènes auxquels elle est confrontée.

Au-delà de la reconnaissance initiale du pathogène, l'efficacité du système de défense végétal dépend surtout de la rapidité et de l'intensité des réponses cellulaires conduisant à la mise en place de résistance et de l'élimination des assaillants. L'expression de plus de 20 % des gènes des cellules infectées est régulée par l'intrusion de l'agent pathogène. La résistance mobilise donc une large part des ressources de la plante, souvent au détriment de la croissance. Bien que les végétaux n'aient pas de cellules spécialisées gardant la « mémoire » des infections précédentes, l'application de certains composés, ou d'un premier stress, peut conduire à un état physiologique, appelé « potentialisation », facilitant la mobilisation plus rapide des mécanismes de défense lors d'une infection ultérieure. Ainsi, la potentialisation peut être induite par un insecte herbivore, conduisant notamment à la résistance systémique acquise (SAR), par des organismes bénéfiques comme les champignons mycorhiziens, conduisant à la résistance systémique induite (ISR).

Comme la prédation exercée par les insectes phytophages (voir le chapitre 3), les maladies provoquées par les agents microbiens pathogènes ont façonné les écosystèmes naturels depuis la nuit des temps et, plus récemment, les forêts jardinées et les agrosystèmes intensifs de l'agriculture contemporaine. Les dégâts dans les forêts et les prairies, ainsi que les pertes de récoltes dues aux maladies microbiennes sont considérables. Ces dernières menacent la sécurité alimentaire dans de nombreuses régions du monde. Les ravages provoqués par les épidémies microbiennes et les pullulations d'insectes ne peuvent que s'accroître avec la mondialisation et son cortège de maladies émergentes et le changement climatique. Par conséquent, les chercheurs se sont mobilisés pour mieux comprendre l'impact de la biologie et de l'écologie des végétaux sur l'efficacité de leur système immunitaire. L'objectif est de mettre en place des modes de culture plus diversifiés, plus respectueux de l'environnement, favorisant une meilleure résistance des plantes aux épidémies de ravageurs. De plus, il est indispensable de comprendre le fonctionnement des systèmes de surveillance et de défense au niveau moléculaire et biochimique chez un plus grand nombre de plantes. Aujourd'hui, notre corpus de connaissances ne concerne qu'un nombre très limité d'espèces. Il s'agit le plus souvent de végétaux qui servent de modèles pour les scientifiques, comme l'arabette des dames, ou bien qui présentent un intérêt économique, comme le riz et le blé. Parmi les nombreuses questions qui assaillent les scientifiques travaillant sur les interactions plantes-micro-organismes, l'une des plus brûlantes est certainement celle qui vise à comprendre comment les plantes sont capables de distinguer les microbes pathogènes des symbiotes mutualistes bénéfiques, comme les bactéries fixatrices d'azote atmosphérique et les champignons mycorhiziens. Les uns ont l'autorisation de coloniser les racines et de s'y installer pour travailler de concert avec la plante, les autres sont exclus, rejetés par le système immunitaire de l'hôte.

Lors de l'une de mes récentes promenades en forêt, j'étais stupéfait de constater qu'un chêne, dont toutes les feuilles printanières avaient été déchiquetées par une pullulation de chenilles processionnaires, avait trouvé l'énergie de déployer un nouveau feuillage en ce début d'été. Malheureusement, les nouvelles feuilles étaient déjà enrobées du duvet blanchâtre de l'oïdium du chêne qui les infectait massivement. Quelle résilience face à l'adversité ! Combien d'agressions ce chêne allait-il supporter lors de sa longue vie ? Au pied de cet arbre, je ne pouvais que m'interroger sur les mécanismes de coordination des différentes réactions de défense déployées par ce chêne confronté à de multiples attaques d'insectes, de virus, de bactéries, de champignons, de nématodes, au niveau des feuilles et des racines, pendant des décennies. Souhaitons que nous puissions appréhender dans un futur proche toutes les subtilités du dialogue complexe entre les plantes, les pathogènes microbiens, les symbiotes mutualistes et les insectes ravageurs. Saurons-nous alors utiliser cette connaissance pour développer une agriculture et une sylviculture plus durables et contribuer ainsi à résoudre les problèmes de sécurité alimentaire de demain ou contrer les effets dévastateurs des changements climatiques à venir ?

CHAPITRE 5

Les sœurs ennemies

> « Les grandes orobanches mauve pâle prenaient une éloquence inespérée dans le sable désolé du désert. »
>
> ANDRÉ GIDE, *Feuillets d'automne*, 1949

L'immense forêt sclérophylle ondulait jusqu'à l'horizon, se confondant avec le vaste océan qu'elle bordait. Son camaïeu de verts sombres ourlait les rives du Pacifique… L'eau et le sable se mêlaient au vent, aux nuages, aux arbres et à la confusion d'arbustes et de flores. Une inscription sensorielle unique encore accentuée par l'isolement de ce promontoire au cœur du parc national de Yuraygir sur la côte nord de la Nouvelle-Galles du Sud. Cette région protégée est un paradis pour les botanistes ; elle intègre une série de formations végétales allant des dunes côtières aux forêts ouvertes de la chaîne subcôtière, en passant par les marais des dépressions arrière-dunaires, des landes, des mangroves et une vaste forêt arbustive sclérophylle, le wallum. Le sentier côtier s'aventurait dans un maquis entre le lac Arragan, la pointe de Buchanans Head et l'anse de Shelley Head Beach. Je cherchais dans ce « bush » un des plus beaux représentants de la famille des polypores, le tramète rouge cinabre (*Pycnoporus cinnabarinus*). Ce champignon affectionne tout particulièrement le bois carbonisé de banksias et de mélaleuques s'accumulant après le passage du feu. Après quelques heures de marche, je finis par repérer plusieurs fructifications en console d'un beau rouge intense sur un enchevêtrement de troncs brûlés de banksia, cachés dans les fougères. Ravi de ma découverte, je me laissais absorber par un long moment de contemplation de ce paysage sauvage dominé par le ciel austral, hypnotisé par le bruit régulier du puissant ressac. Un couple de baleines à bosse flirtait à quelques encablures du rivage. À travers les feuilles des pandanus suspendus au bord de la falaise, je surpris alors un mouvement furtif en contrebas. Déboulant de l'inextricable maquis, un couple de kangourous roux parcourait le rivage de la plage déserte en de gigantesques bonds. Une vision poignante d'une nature primitive. Pendant un bref moment, je m'imaginais perdu sur un continent antédiluvien à guetter des vélociraptors partis en chasse. Les marsupiaux poursuivirent leur course bondissante jusqu'à ce qu'ils disparaissent à l'horizon. Je repris alors mon exploration botanique à travers les acacias et les banksias côtiers, les spinifex, les leucopogons et les fleurs de flanelle. Quel bonheur de scruter les mouvements les plus infimes des insectes et des reptiles, les communautés secrètes de fleurs et de champignons, et les méliphages fardés se gavant de nectar. Respirer les parfums de fleurs exotiques et inconnues. Apprendre à connaître les espèces peuplant ses rudes étendues permet de les voir ! C'est ainsi que, dans un bosquet jouxtant le cordon dunaire, j'eus la chance de découvrir une plante assez rare et discrète : l'orobanche penchée, déclinée dans sa variété australienne (*Orobanche cernua* var. *australiana*). Cette curieuse plante était dissimulée à l'ombre du feuillage léger de quelques acacias côtiers qui bordaient le cordon dunaire. Les orobanches sont des plantes très particulières, elles sont parasites des autres végétaux.

J'ai toujours été fasciné par les plantes parasites et, en particulier, les orobanches dont les fleurs sont d'une discrète élégance. Les plantes parasites occupent une place à part dans les communautés végétales. Comme les champignons symbiotiques mycorhiziens que j'étudie depuis des dizaines d'années, les orobanches sont intimement liées aux racines des végétaux, tissant des liens souterrains, invisibles, avec leur hôte – victime serait d'ailleurs un terme plus approprié. En effet, elles ne tressent pas une alliance à bénéfices mutuels avec les autres végétaux. Les orobanches sont des parasites, des vampires qui sucent l'énergie vitale de leur compagne. Comme les insectes herbivores et les microbes pathogènes dont nous avons suivi les méfaits dans les chapitres précédents, les orobanches exploitent sans vergogne les plantes sur lesquelles elles jettent leur dévolu. Ce sont leurs sœurs ennemies. Leur nom, orobanche, vient du grec *orobos* – « ers, lentille, légumineuse » – et *agcheïn* – « étrangler, étouffer ». Pour les anciens, ces végétaux tuaient les légumes. En fait, il en existe plus de 150 espèces dont beaucoup sont inféodées à une plante hôte spécifique : centaurée, gaillet, lentille, pois, séneçon, sauge, thym, tournesol, trèfle, lierre… Dépourvues de chlorophylle, incapables de photosynthèse, les orobanches sont des plantes de petite taille qui se reconnaissent à leur tige écaillée, dressée, de couleur jaune paille, et à leurs minuscules feuilles en forme d'écailles triangulaires. Les petites fleurs bilabiées jaunes, blanches ou bleues sont regroupées en épi terminal de dix à vingt fleurs. En dehors de la période de floraison, aucune partie de la plante n'est visible à la surface du sol. Elles sont tapies dans l'entrelacs des racines. Les fleurs, à deux lèvres, renflées en cloche et aux corolles à gorge concolore, apparaissent tardivement et signent la dernière étape de la vie de l'herbacée. Elles exhalent des parfums suaves, d'œillet, de girofle ou de miel, attirant les insectes qui les pollinisent. Comme les orchidées, avec lesquelles les orobanches sont souvent confondues, elles produisent de 50 000 à 500 000 petites graines – un nuage de poussière mortelle.

Les Orobanchacées composent l'une des vingt-huit familles de plantes parasites regroupant plus de 4750 espèces de par le monde. Environ 12 % de ces plantes « vampires » sont des parasites complets qui n'ont plus de chlorophylle et dépendent donc totalement de leurs plantes hôtes pour assurer leur nutrition en sucres. Ce sont des holoparasites. Les autres, comme le gui ou le santal, sont des parasites partiels, dénommés « hémiparasites », qui ont conservé leur chlorophylle et une activité photosynthétique, quoiqu'elles dépendent largement de leur proie pour se nourrir. Au cours de l'évolution, les plantes parasites sont apparues au moins une douzaine de fois à partir d'ancêtres non parasites et aujourd'hui, elles représentent environ 1,2 % des espèces de plantes à fleurs. Certaines espèces, comme les rafflésies des régions tropicales, donnent naissance à des fleurs d'une beauté inouïe, d'autres sont des ravageurs importants des grandes cultures. Lors de vos promenades dans les champs, les prairies ou les forêts, il vous sera aisé d'observer les nombreuses touffes sempervirentes du gui blanc trônant en grand nombre sur les vieux peupliers et dont les fruits blancs et visqueux font le délice des grives draines. Il est plus délicat de repérer les tiges rougeâtres, filiformes et grimpantes, des cuscutes qui étranglent et parasitent les orties, les luzernes, les pommes de terre et bien d'autres plantes. Les orobanches qui parasitent les racines sont rares sur les sentiers de la Nouvelle-Galles du Sud, mais leurs hampes florales sont beaucoup plus fréquentes le long de nos chemins. En ce début d'été, j'eus la chance de surprendre parmi les nombreuses orchidées fleurissant dans les sous-bois de l'Ubaye un gang d'une vingtaine de néotties nid d'oiseau parasitant les pins qui leur fournissaient pourtant un ombrage bienvenu. Elles dressaient leur hampe florale brunâtre à deux pas de délicates orobanches à odeur de girofle (*Orobanche caryophyllacea*) qui, elles, parasitaient les gaillets et des dizaines de mélampyres des prés qui se rassasiaient des fleurs des champs. Ce jour-là, les pillards étaient partout !

En revanche, il faudrait s'envoler bien loin des forêts des Alpes pour réussir à prendre en photo des rafflésies, parasites des lianes ligneuses tropicales dans les jungles humides de Sumatra et de Bornéo. Imaginez, la fleur de *Rafflesia arnoldii* peut dépasser un mètre de diamètre et peser jusqu'à une dizaine de kilogrammes, mais cette gigantesque fleur rouge ocre, cloquée de pustules crémeuses et à l'odeur de charogne, ne repose sur aucune tige ; la rafflésie n'a ni feuille, ni racine. Elle réside à l'intérieur de la plante qu'elle parasite sous forme de filaments pendant des années, puis elle génère une nodosité, le bouton floral, qui émerge des tissus de l'hôte, au ras du sol. La floraison et la fructification durant plusieurs semaines, voire des mois, la rafflésie assoiffe son hôte par un prélèvement en eau considérable. À ma connaissance, la seule plante parasite de nos régions tempérées à avoir ce comportement est le cytinet ou cytinelle (*Cytinus hypocistis*), une cousine de la rafflésie. Lors d'une de mes pérégrinations printanières dans les garrigues drômoises, j'ai failli piétiner ses fleurs jaunes, densément imbriquées, qui surgissent à ras du sol au pied de cistes. Comme la rafflésie, les cytinets se développent entièrement à l'intérieur des racines des arbustes, essentiellement les cistes, jusqu'au moment de la floraison où émerge du sol une tige très courte portant des feuilles sans chlorophylle écailleuses et de multiples inflorescences. Leur présence en nombre affecte la croissance, la physiologie et la compétitivité de plusieurs cistes des maquis méditerranéens : le ciste blanc, le ciste à gomme, le ciste à feuilles de sauge ou l'hélianthème à feuille d'arroche.

Toutes ces plantes parasites partagent un attribut commun, indispensable à l'accomplissement de leur forfait : l'haustorium. C'est une racine transformée en mèche perceuse et en suçoir. Je vous ai raconté comment les rouilles du peuplier utilisaient leur haustorium microscopique pour puiser leur nourriture au cœur des cellules du tremble (voir le chapitre 4). L'haustorium des plantes parasites est également un suçoir, mais de plus grandes dimensions ; il ancre le parasite à son hôte, pénètre dans ses tissus et établit une connexion directe avec son système vasculaire, accouplant les deux plantes. Les holoparasites les plus extrêmes sont les endoparasites comme la rafflésie et le cytinet – ceux qui passent tout leur cycle de vie dans les tissus d'autres plantes sous forme de filaments ou de masses cellulaires, sauf lorsqu'ils émergent brièvement pour fleurir et produire des graines. Les endoparasites s'installent exclusivement dans les arbres. Ces hôtes longévifs offrent probablement au parasite un environnement stable dans lequel il peut se développer progressivement, sans être détecté par le système de défense de la plante.

Je reste frappé par l'étonnante convergence observée dans les structures et les processus mis en place par les différentes lignées de plantes parasites. C'est l'une des conclusions majeures que l'on peut tirer des recherches menées sur les orobanches, les « herbes de sorcière » (strigas), les cuscutes et les guis – leurs pratiques délictueuses sont bigrement similaires. La biologie de ces vampires végétaux présente également de nombreuses similarités morphologiques et physiologiques avec les champignons biotrophes, comme la rouille du tremble. Il se pourrait bien que des contraintes trophiques similaires aient conduit à des inventions reposant sur des principes fort proches à travers l'ensemble de l'arbre de la vie. De ce point de vue, l'haustorium permettant de puiser les nutriments d'un hôte parasité est sans aucun doute une innovation terriblement efficace, utilisée de façon réitérée par Dame Nature. Dans notre description de la biologie et de la physiologie des plantes parasites, nous allons ainsi retrouver de nombreux points communs avec les champignons parasites (voir le chapitre 4).

La première étape dans la vie d'une plante parasite, comme l'orobanche, commence par l'imbibition des graines tombées sur le sol jusqu'au développement de la radicule qui doit repérer rapidement une victime, la racine d'une plante hôte compatible. Son rayon d'action est restreint à quelques centimètres. Cette étape se déroulant généralement au printemps quand le sol est humide et la température voisine de 20 °C repose sur la mobilisation des réserves stockées en quantité limitée dans la minuscule graine. Elle est déclenchée par un signal chimique produit par les racines de l'hôte en croissance passant à proximité de la graine. Libérés dans l'environnement immédiat de la racine de l'hôte, ces signaux chimiques composent un cocktail de stimulants de la germination qui varie d'une espèce à l'autre mais aussi en fonction du stade de croissance et de l'état physiologique de l'hôte. Parmi les constituants clés de ce bouquet d'odeurs, laissé par les racines dans leur sillage, les biochimistes ont identifié des strigolactones, comme le strigol et l'orobanchol, qui appartiennent à une famille d'hormones végétales dérivée du carotène. Des récepteurs localisés dans une paire de cellules proches de l'embryon détectent des traces infimes de ces stimulants et déclenchent la mise en route du programme génétique qui contrôle la germination. Il est fascinant de constater que ces strigolactones sont des molécules de signal également impliquées dans l'interaction symbiotique entre les racines et certains champignons symbiotiques mycorhiziens, les gloméromycètes. Il se pourrait bien que les plantes parasites aient « hacké » à leur profit le système de signalisation déployé par les végétaux pour attirer les mycètes mutualistes. La perception des strigolactones par la radicule des orobanches déclenche de profondes modifications dans l'expression des gènes afin de la préparer à sa rencontre avec la racine hôte et mettre en branle toute la machinerie nécessaire à l'ancrage et la pénétration de la victime.

Dès que la pointe radiculaire de l'orobanche entre en contact avec la surface racinaire, la seconde phase débute. Elle secrète des composés collants à sa surface permettant l'ancrage et commence la construction de l'haustorium, organe indispensable à ce parasitisme plante-plante assurant le couplage du parasite au système vasculaire de l'hôte. Là encore, cette étape est sous la dépendance de l'hôte, qui produit et exsude des facteurs hormonaux et des quinones impliqués dans l'induction de la formation de l'haustorium. Les filaments cellulaires envahissent l'intérieur de la racine en s'immisçant entre les cellules de l'hôte grâce à la dégradation de leur paroi pectocellulosique, comme nous l'avons vu faire par les champignons pathogènes. Les cellules invasives sécrètent des protéases, des cellulases et des pectinases pour tracer leur chemin dans la racine infectée. Cette pénétration brutale ne prend fin que lorsque l'haustorium atteint les vaisseaux conducteurs de sève au cœur de la racine. L'envahisseur n'a que quelques jours pour atteindre sa cible et il mobilise toutes ses réserves dans cette attaque. Sans compter qu'il lui faut faire face au système de défense de la plante agressée qui s'empresse de dresser des barrières ralentissant la progression du parasite : accumulation de composés toxiques (polyphénols, coumarines), dépôt de callose et de lignine pour renforcer les parois, émission de dérivés réactifs de l'oxygène. C'est une course de vitesse pour atteindre le cylindre central de la racine qui héberge le phloème et le xylème, car des barrières de défense sont montées dans chacune des couches racinaires que le parasite traverse, la cuticule, l'épiderme, le parenchyme cortical, l'endoderme et le cylindre central. Toute une panoplie de réactions d'incompatibilité se met en branle pour épargner à la plante agressée un sort peu enviable.

Après pénétration, le tissu parasitaire est étroitement enchevêtré aux tissus de l'hôte. Des cellules intrusives de l'orobanche se différencient en cellules conductrices qui se connectent aux vaisseaux conducteurs de la sève élaborée (sucres et acides aminés) et de la sève brute (eau et sels minéraux). Ainsi connectée aux fluides vitaux de sa victime, l'orobanche peut poursuivre son développement. La partie de la graine restée dans le sol se transforme alors en tubercule qui se gonfle de réserves jouant le rôle d'organe de stockage. À sa base, une couronne de petites racines adventives se différencie et plusieurs d'entre elles s'allongent afin de coloniser d'autres racines et/ou les plantes voisines. Ce n'est qu'après s'être totalement établi et avoir développé une tige aux dépens de l'hôte que le parasite émerge à la surface. Il a alors déjà causé des dommages importants qui réduisent significativement et irréversiblement la croissance de la plante-hôte ou le rendement de la culture.

L'essor récent des outils de la génomique a permis de décrypter les mécanismes moléculaires de ce parasitisme. Plus d'une dizaine de génomes nucléaires de plantes parasites dont plusieurs espèces de gui

(*Viscum album*, *Viscum scurruloideum*), de cuscutes (*Cuscuta campestris*, *Cuscuta australis*), de *Striga asiatica* et d'orobanches (*Orobanche cumana*) sont désormais disponibles. Grâce à l'analyse de ces ressources génomiques, on a découvert que l'échange de matériel génétique, d'ADN, était étonnamment très répandu chez les plantes parasites, alors qu'il est exceptionnel chez les autres plantes. L'haustorium facilite également le mouvement bidirectionnel des virus, des protéines et des acides ribonucléiques ou ARN chez certains parasites des mauvaises herbes, comme la cuscute (*Cuscuta campestris*). Certains parasites pourraient bien injecter des petits ARN et des protéines effectrices dans les cellules de l'hôte pour supprimer ses réactions immunitaires, imitant ainsi de nombreux pathogènes fongiques. Les réactions de défense mises en place chez une plante infectée par une plante parasite sont similaires à celles déployées lors de l'attaque par les champignons pathogènes: synthèse rapide d'acide jasmonique et d'acide salicylique, hormones qui orchestrent plusieurs cascades d'événements moléculaires, émission de composés volatils, réaction d'hypersensibilité, renforcement des parois cellulaires.

Notre connaissance des mécanismes moléculaires qui contrôlent les premières étapes du développement des orobanchacées, la germination et la formation de l'haustorium, s'est grandement améliorée ces dernières années. En 2015, trois articles, publiés simultanément dans la prestigieuse revue *Science*, décrivaient les caractéristiques biochimiques et fonctionnelles de plusieurs récepteurs des strigolactones. Il s'agit de protéines hydrolases α/β de la famille HTL/KAI2 (Hyposensitive to light/Karrikin insensitive2), dont l'activité déclenche la germination chez *Striga hermonthica* et d'autres Orobanchacées. L'interaction moléculaire de l'une ou l'autre des différentes strigolactones avec l'un ou l'autre des récepteurs HTL/KAI2 dédié déclenche une voie de signalisation aboutissant à l'accumulation du cytochrome, CYP707A, une hydroxylase. En quelques heures, cette enzyme dégrade l'acide abscissique (ABA), une hormone réprimant la germination. Simultanément, on observe l'accumulation d'une autre hormone, l'acide gibbérellique (GA). La combinaison de la diminution de la concentration en ABA et de l'augmentation de la teneur en GA permet à la radicule de sortir du tégument de la graine et d'entamer sa croissance vers la plante cible.

Fin 2020, l'équipe du phytopathologiste Ken Shirazu au RIKEN Center for Sustainable Resource Science à Yokohama au Japon publiait dans la revue *Nature* la caractérisation du récepteur de la quinone, la DMBQ (2,6-diméthoxybenzoquinone). Cette dernière est l'inducteur majeur de la formation de l'haustorium de l'orobanche, *Phtheirospermum japonicum*. Le récepteur transmembranaire, appelé CARD1, est une protéine NLR composée de répétitions riches en leucine, proche des protéines de résistance NLR impliquées dans la reconnaissance des champignons pathogènes. L'interaction CARD1-DMBQ provoque une bouffée de calcium intracellulaire qui déclenche le programme de différenciation de l'haustorium.

Généralement, la plante colonisée n'est pas capable de se défendre contre les plantes parasites car elles échappent le plus souvent à son système de surveillance. Il existe cependant chez plusieurs variétés de plantes des réactions d'incompatibilité conduisant à une résistance à l'infection. Par exemple, chez le tabac, la présence de la cuscute passe par la détection d'une petite protéine de la paroi cellulaire que le parasite libère lors de sa progression dans les tissus de sa victime. Cette protéine pariétale diffuse dans l'espace intercellulaire et elle est captée par un récepteur transmembranaire des cellules de l'hôte dont la structure est voisine des récepteurs NLR des motifs conservés (PAMP) impliqué dans la détection des microbes pathogènes. On s'aperçoit que le système de surveillance défensif des plantes repose en grande partie sur ces protéines NLR capables de « sentir » les traces laissées par les assaillants, qu'ils s'agissent d'insectes herbivores, de microbes pathogènes ou de plantes parasites. Souhaitons que toutes ces découvertes importantes qui apportent un éclairage nouveau sur le parasitisme entre plantes permettent de mettre au point de nouvelles pratiques agronomiques pour lutter contre ces parasites.

Philippe Delavault, professeur de physiologie végétale à l'université de Nantes, connaît bien ces plantes parasites qu'il a étudiées pendant des années. Lors de l'une de nos récentes rencontres, il s'inquiétait de l'impact croissant des orobanches sur les cultures en raison du réchauffement climatique, de l'accroissement des échanges commerciaux et de la mondialisation. Parmi les Orobanchacées, les orobanches, les strigas et les phelipanches représentent une réelle menace pour plusieurs cultures d'intérêt économique majeur. Philippe recommande d'être particulièrement vigilant vis-à-vis de quelques invasives comme :

- *Orobanche crenata* qui infeste plus d'un million d'hectares de cultures légumières (par exemple, la féverole, la lentille et le pois chiche) dans la région méditerranéenne et en Asie occidentale.
- *Phelipanche ramosa* qui parasite le colza en France et la tomate dans les pays d'Europe du Sud.
- L'orobanche du tournesol (*Orobanche cumana*) qui menace à terme 60 à 70 % de la production européenne de tournesol. Elle provoque des pertes de rendement pouvant atteindre 80 %.
- *Orobanche cernua* qui s'attaque à la tomate et au tabac.
- En Afrique subsaharienne, jusqu'à 60 % des terres arables utilisées pour la culture des céréales et des légumineuses à grains sont infestés par une ou plusieurs espèces de Striga.

Malheureusement pour les agriculteurs et les horticulteurs, ces orobanches sont douées d'une capacité exceptionnelle de dissémination et d'adaptation. De ce fait, leur propagation est presque impossible à maîtriser d'autant que les méthodes de lutte actuelles sont inefficaces.

Comme en écologie, rien n'est simple, il faut avouer que les plantes parasites n'ont pas que des effets négatifs sur les communautés végétales. À l'instar des champignons mycorhiziens, la cuscute, qui exploite simultanément plusieurs partenaires, connecte les plantes entre elles. Elle peut ainsi faire transiter des signaux d'alerte lors d'une attaque d'insectes herbivores. Plus surprenant, la présence du petit cocriste (*Rhinanthus minor*) et le rhinanthe crête-de-coq (*Rhinanthus alectorolophus*) améliorent la biodiversité des prairies en affaiblissant les graminées parfois trop envahissantes. De ce fait, les rhinanthes sont de plus en plus utilisés dans les projets de restauration des prairies. Je dois avouer que j'apprécie les grandes corolles jaunes du rhinanthe crête-de-coq quand elles égayent les prairies alpines. Elles sont photogéniques. Si, en plus, elles favorisent la diversité de la flore alpine et les insectes pollinisateurs qui en dépendent, en jouant les ingénieurs d'écosystème, c'est encore mieux.

La valeur culturelle des plantes parasites est également bien connue en Europe, où l'utilisation religieuse du gui a une longue histoire qui remonte à la Grèce antique et à la période celtique. Le gui était utilisé dans les rites celtiques du solstice d'hiver. Le christianisme l'a ensuite intégré aux célébrations de Noël comme symbole d'amour et de protection contre les mauvais esprits. Et puis, n'oublions pas le santal, originaire des régions tropicales et subtropicales d'Asie du Sud et d'Australie, dont le bois de cœur odorant est employé pour produire par distillation une précieuse huile aromatique, base de l'encens et de nombreux parfums. Il est aussi utilisé pour fabriquer des écrins, des coffres ou des meubles parfumés.

Outre les orchidées et les orobanches parasites, les randonneurs au regard affûté pourront parfois apercevoir dans les pinèdes ténébreuses l'étrange fleur des monotropes. Ces derniers sont des plantes parasites de la famille des Éricacées, cousins de l'airelle, de la myrtille ou des rhododendrons. Ils ont développé une stratégie incroyablement subtile pour se nourrir. Leurs racines se branchent sur le réseau de filaments souterrains des champignons ectomycorhiziens qui relient les arbres les uns aux autres. Ils subtilisent alors une partie des composés nutritifs qui transitent à travers ce réseau de filaments fongiques souterrains sans rien donner en échange. Ces plantes sont dites « mycohétérotrophes ». Des botanistes, plein d'humour, appellent ces tricheuses « mangeuses de champignons » ou « exploiteuses de mycorhizes ». Le mycélium des mycètes de la famille des tricholomes forme des mycorhizes particulières, dites « monotropoïdes », avec les racines du monotrope sucepin (*Monotropa hypopitys*), alors que d'autres parties de leur réseau mycélien établissent des ectomycorhizes avec leurs arbres hôtes, comme les pins. Les monotropes sont dépourvus de chlorophylle. Leur tige d'un blanc pâle porte des feuilles réduites à des écailles. Elles se dressent comme de minuscules spectres à l'ombre des sous-bois. Les Amérindiens appellent d'ailleurs la fleur d'un blanc pur du monotrope uniflore (*Monotropa uniflora*) la

« plante fantôme » (*ghost plant*). On a répertorié plus de 800 espèces de plantes mycohétérotrophes chez les Burmanniacées, les Éricacées, les Gentianacées et les Orchidacées. Ce mode surprenant de nutrition est apparu plus de cinquante fois au cours de l'évolution des végétaux terrestres. Il concerne surtout des plantes de sous-bois, suggérant qu'il pourrait s'agir d'une réponse adaptative à un habitat où la lumière est rare, filtrée par la canopée.

CHAPITRE 6

Dans les montagnes du Yunnan

« Ainsi écoute-t-on la voix de ces moines
Qui vivaient sur le toit du monde
au fond de temples pareils à des forts
dressés sur le passage des vents inconnus
dont leurs conques ramassent la violence »

PHILIPPE JACCOTTET,
À la lumière d'hiver, 1994

Pour les Naxi qui peuplent cette région du nord-ouest du Yunnan, l'immense muraille rocheuse qui barre l'horizon évoque un dragon volant parmi les nuages. Ils la révèrent sous le nom de Yulong Xue Shan, la montagne enneigée du Dragon de Jade. En ce matin d'été, la gueule du monstre nous dominait de ses 6000 mètres. Une dentelle de pics acérés, des glaciers suspendus, des moraines, des ravins escarpés et des éboulis de roches blanches coiffaient les flancs de l'énorme enchaînement de pyramides de rocs, ourlées de landes et habillées d'un manteau de forêts.

Au cœur de la mousson, nous avions monté une expédition avec les collègues de l'Institut de botanique de Kunming afin d'inventorier les communautés microbiennes – le microbiote – des forêts de chênes, d'épicéas, de sapins et de pins qui couvraient les flancs du dragon là-haut dans les nuages ; des sylves protégées, intégrées dans une réserve naturelle, jamais explorées par les microbiologistes. Dans cette province subtropicale, de vastes forêts s'épanouissent encore à plus de 3 600 mètres d'altitude. La province du Yunnan – le « Royaume des Plantes et des Animaux » – héberge plus de 50 % de la biodiversité chinoise, et le nord-ouest du Yunnan, la fameuse Région des Trois Rivières Parallèles, est l'une des vingt-cinq zones critiques de biodiversité de notre planète. Avec plus de 12 000 espèces, la flore exceptionnelle de cette région est désormais mieux connue grâce à plusieurs grandes expéditions botaniques organisées par l'Académie des sciences chinoise. En revanche, le cortège de champignons et de bactéries des forêts de montagne n'avait pas encore fait l'objet d'un inventaire approfondi. Combien d'espèces inconnues résidaient dans les sols des monts Hengduan ? Il était pourtant urgent d'étudier la diversité microbienne de ces écosystèmes subtropicaux montagnards car le réchauffement climatique, l'intensification des réseaux de transport, la multiplication des rizières et l'accroissement du tourisme provoquaient des changements rapides dans tous les massifs forestiers du Yunnan. En cinquante ans, la moitié de la superficie forestière a disparu.

Nous avions choisi Yulong Xue Shan car l'une des stations de recherches écologiques de l'université de Kunming est installée depuis plusieurs années dans cette montagne relativement accessible du système des monts Hengduan, au nord de la ville de Lijiang, près des célèbres gorges du Saut du Tigre formées par le Yangzi. Les géologues se sont longtemps interrogés sur l'histoire complexe de cette chaîne de montagnes, qui s'étend du nord au sud et traverse le sud-ouest de la Chine. Les monts Hengduan, qui jouxtent l'immense plateau tibétain et le plateau du Yunnan, cumulent tous les superlatifs. Quatre grands fleuves, dont le Mékong, le Salouen et le Yangzi, qui prennent leur source sur les flancs de l'Himalaya, ont créé de profondes vallées dans les massifs montagneux. En hiver, d'abondantes chutes de neige recouvrent les sommets qui culminent à plus de 7 500 mètres. En été, la mousson venue de l'océan Indien déverse des déluges de pluie sur les versants boisés, des forêts galeries qui ourlent les fleuves jusqu'aux sapinières subalpines qui chatouillent les glaciers. En Europe, je n'avais jamais été confronté à une variété d'écosystèmes forestiers si contrastés. En une longue journée de route, nous pouvions passer des forêts humides subtropicales de feuillus sempervirents (chênes, lithocarpes), entre 1 000 et 3 000 mètres, pour rejoindre les forêts d'épicéas (*Picea likiangensis*) et de sapin de Forrest (*Abies forrestii* var. *georgei*), entre 3 000 et 4 200 mètres.

L'émergence du complexe montagneux du Hengduan, il y a 30 millions d'années, a permis l'éclosion et la diversification de la plus ancienne flore alpine du monde. La topographie complexe, formée de multiples vallées parallèles, séparées par des parois infranchissables de plus de 4 500 mètres, constitue autant de mondes parallèles où le jeu complexe de l'évolution a conduit à la création d'un nombre surprenant de populations divergentes et endémiques, favorisées par les pluies de mousson intenses. Cette région a été épargnée par les grandes glaciations qui ont mené à la disparition de nombreuses espèces dans les Alpes européennes. L'orientation nord-sud de la chaîne de montagnes a certainement contribué à cette diversification intense, en offrant aux plantes une voie d'évasion vers des climats plus chauds, leurs graines étant transportées vers le sud par les animaux, le vent ou l'eau. La flore du Hengduan est riche de milliers d'espèces endémiques. Par exemple, les prairies alpines hébergent dix fois plus d'espèces que les Alpes ou les montagnes Rocheuses, dont une extraordinaire diversité de rhododendrons et de primevères. Comprendre comment les forces tectoniques et climatiques ont modelé ces communautés végétales et microbiennes devrait nous permettre de prédire comment cette flore alpine exceptionnelle pourra survivre aux futurs changements climatiques.

En une quinzaine de jours, notre équipe franco-chinoise avait sillonné le nord-ouest du Yunnan, collectant des milliers d'échantillons de sols et de plantes depuis les forêts sèches sempervirentes de feuillus des montagnes d'Ailao (Ailaoshan) dans le sud subtropical jusqu'à la chênaie de la Montagne enneigée du Dragon de Jade en passant par les pinèdes de la Montagne de Cangshan qui surplombe le lac de Dali... une diversité de formations forestières époustouflante, répartie le long d'une traversée nord-sud d'environ 500 kilomètres. Nous avions échantillonné sous les lithocarpes (alias « chênes à tan »), les castanopsis, les camélias, les rhododendrons, les pins d'Armand et du Yunnan, diverses espèces de chênes et d'épicéas, des mélèzes et des sapins. Des centaines de fleurs qui m'étaient inconnues égayaient les clairières, les chemins et les bois. Je comprenais pourquoi les botanistes du XIXe siècle avaient été si nombreux à parcourir ces régions montagneuses du Yunnan à la recherche des fleurs rares, dont 230 espèces de rhododendrons, à rapporter en Europe pour faire fortune. Nous avions crapahuté dans les sous-bois moussus et dégoulinants et les pinèdes ensoleillées. La réputation du Yunnan en termes de richesse mycologique n'était pas usurpée. Les poussées de champignons étaient extravagantes. Les pluies diluviennes des semaines précédentes avaient stimulé d'abondantes poussées de mycètes... Nous trébuchions sur les russules, les bolets, les amanites et les cortinaires endémiques. Marc Buée, certainement le mycologue le plus averti de notre équipe nancéienne, était conquis et parcourait les fourrés avec entrain, photographiant une fonge qui lui était inconnue. Le soir, à l'auberge, nous nous régalions de pot-au-feu de champignons, matsutakés et termitomyces. Les marchés locaux débordaient de tonnes de champignons séchés en partance pour les grandes métropoles et de gigantesques ganodermes décoraient les échoppes. Dans les villages, des paysannes vendaient leur récolte de truffes de Chine et de rhizopogons. Dans les bois, les ramasseurs de champignons nous faisaient concurrence.

Au cours de cette expédition, le plus étrange, peut-être, avait été la découverte, dans des vallons isolés, des sous-bois ténébreux ou sur des sommets escarpés d'ex-voto, de pierres tombales abandonnées, de tombeaux où dormaient de saints hommes ou de modestes ermitages au bouddha souriant. Les montagnes que nous parcourions étaient hantées par les esprits et les dieux tutélaires depuis la nuit des temps. Sacrées, ces forêts profondes avaient été respectées pendant des millénaires par les minorités autochtones et leur statut actuel de réserves biologiques intégrales laissait espérer qu'elles seraient protégées au cours des siècles suivants.

Grâce au soutien logistique et scientifique efficace de nos partenaires chinois, notre équipée avait été particulièrement fructueuse. Plus de 5 000 échantillons récoltés dans les forêts d'Ailaoshan, de Cangshan et d'Yulongxueshan avaient été transportés avec d'infinies précautions vers nos laboratoires afin d'y être analysés. Botanistes et microbiologistes s'étaient alors mués en biologistes moléculaires et informaticiens. L'ADN extrait des microbes du sol, des racines et des feuilles avait été séquencé et comparé aux séquences d'ADN répertoriées dans nos bases de données informatiques. Semaine après semaine, les analyses révélaient l'extraordinaire diversité des communautés de bactéries et de champignons des forêts du Yunnan. Les microbes, camouflés sous la litière, étaient ainsi identifiés, recensés et cartographiés. Les facteurs qui structuraient leurs communautés nous étaient ainsi révélés par une série de graphiques complexes et d'analyses statistiques. Nous observions des différences importantes dans la richesse des communautés fongiques en fonction de l'altitude. Chaque type d'arbre – chêne, lithocarpe, pin, épicéa ou sapin – était accompagné d'un cortège de champignons et de bactéries qui lui était inféodé. À 3 250 mètres, la longue forêt qui bordait la plaine des Pins, sous les glaciers du Shanzidou, était composée de bois de chênes, d'épicéas et de sapins. Sa surprenante richesse mycologique cumulait celles des trois espèces d'arbres. Plus de 1 200 espèces de champignons formaient un inextricable réseau souterrain de filaments mycéliens autour des racines ; mycètes décomposeurs du bois et de la matière organique, symbiotes mutualistes associés aux racines et quelques rares pathogènes profitaient de l'énergie et des éléments nutritifs libérés par les ligneux dans le sol. Les russules étaient présentes en abondance. Rouges, roses, vertes ou jaunes, les fructifications de ces champignons ectomycorhiziens étaient si nombreuses dans les sous-bois que nous n'étions pas vraiment surpris de découvrir leur abondance souterraine.

Les différentes couches du sol, plus ou moins riches en matière organique, accueillaient des proportions variables de mycètes symbiotiques ou décomposeurs.

Dans l'humus, au pied d'un énorme sapin de Forrest, j'avais exhumé de nombreuses racines, enrobées d'un duvet mycélien blanchâtre, formant un ensemble ramifié large comme la main – un cluster d'ectomycorhizes. En suivant délicatement les filaments fongiques sortant de la racine, je m'aperçus qu'ils étaient connectés aux pieds ventrus des fructifications que je venais de prendre en photo – racines colonisées, réseau de mycélium souterrain et fructifications appartenaient à un seul et même organisme, un cèpe réticulé (*Boletus reticuloceps*). Le sapin et le bolet formaient un organe mixte, appelé « mycorhize » (du grec *múkês*, « champignon », et *rhiza*, « racine ») – une racine-champignon. Les filaments s'enchevêtrent à la surface de la racine, puis s'agrègent avant de l'enrober entièrement d'un manchon dense de feutrage mycélien. C'est dans la racine modifiée que se déroule l'échange d'éléments nutritifs (sucres, acides aminés, éléments minéraux) entre les deux partenaires symbiotiques. Dans cette association à bénéfices mutuels, le champignon échange les éléments minéraux qu'il absorbe dans le sol contre des sucres solubles, comme le glucose, fabriqué dans les feuilles de son hôte. De plus, le manchon de mycélium entourant les racines constitue une barrière protectrice efficace contre les attaques des bactéries, champignons pathogènes, nématodes, herbivores ou insectes parasites. Encore plus fascinant, l'interaction symbiotique avec les champignons mycorhiziens « immunise » la plante-hôte contre de nombreux pathogènes. En stimulant la formation des hormones d'alerte et de stress du végétal, comme l'acide jasmonique et l'éthylène, le mycète amorce les réactions de défense des cellules végétales et limite ainsi les infections microbiennes ultérieures. Finalement, les arbres ne sont jamais seuls. Ils sont accompagnés de leur cortège de champignons qui les nourrissent et les protègent. Cette coopération pérenne entre les arbres et les champignons est l'aboutissement de millions d'années d'interactions équilibrées. Elles perdurent car elles apportent, le plus souvent, un avantage adaptatif à chacun des deux partenaires. Ne soyons cependant pas trop romantiques ; il n'y a pas d'intentions, pas de liens d'amitié, dans cette association mutualiste, mais une coopération à bénéfices mutuels. Elle a été sélectionnée car elle augmente notablement les chances de survie et d'adaptation des partenaires aux conditions difficiles auxquelles ils sont continuellement soumis. Ainsi, leurs gènes ont plus de chance d'être transmis à la génération suivante et de perpétuer leur espèce.

Les champignons ectomycorhiziens ne sont pas les seuls mycètes à vivre dans les arbres. Tout au long de notre périple, nous avions traversé de vigoureux boisements de pin du Yunnan ou de pin d'Armand. Ces résineux sont à leur aise dans cette région de Chine subtropicale et les plantations abondaient sur les pentes à proximité des villages. Nous avions apprécié leurs sous-bois lumineux, riches en régénérations naturelles et en arbustes divers, aulnes du Népal ou rhododendrons. Nous voulions inventorier la communauté de champignons colonisant l'intérieur des aiguilles, que nous dénommons les endophytes – « vivant à l'intérieur des plantes ». Cette vaste guilde de mycètes, tapis à l'intérieur des tissus végétaux, est longtemps restée invisible. L'essor des outils moléculaires de détection, fondés sur le séquençage massif de l'ADN, a montré qu'ils étaient omniprésents, dans tous les tissus de tous les végétaux dans tous les écosystèmes. Encore peu étudiés chez les arbres, nous espérions pouvoir estimer la diversité des endophytes dans ces forêts subtropicales du nord-ouest du Yunnan et quantifier l'impact du gradient d'altitude sur la composition de cette communauté. Notre recensement moléculaire allait confirmer nos prédictions. La nature des espèces détectées à l'intérieur des aiguilles variait considérablement avec l'altitude et les mycètes abondants dans les pinèdes les plus élevées étaient connus pour être particulièrement résistants au froid et aux rayons ultraviolets. Il était tentant de spéculer sur leur capacité à protéger leurs arbres hôtes des rigueurs de l'altitude.

Les travaux de Stéphane Hacquard et de son équipe de l'Institut Max-Planck de Cologne sur l'amélioration des plantes, publiés dans la revue *Nature Plants* en 2021, apportent un éclairage nouveau sur les interactions entre plantes, pathogènes et endophytes. Chez tous les végétaux, comme la plante modèle l'arabette des dames (*Arabidopsis thaliana*), la répartition des ressources carbonées entre la croissance ou le système de défense fait l'objet de compromis permanents. Se défendre efficacement contre les prédateurs impose à la plante de sacrifier des ressources nutritives qui ne sont plus disponibles pour la croissance des feuilles et des racines. Cette étude originale démontre que le microbiote des racines joue un rôle essentiel dans ce processus de distribution des ressources. Par l'intermédiaire de leur activité métabolique, les endophytes bactériens et fongiques modifient la concentration de plusieurs hormones intervenant dans l'immunité (acide jasmonique, acide salicylique, éthylène) ou la croissance (acide gibbérellique). De plus, cet équilibre délicat entre croissance et défense est modulé par la composition de la communauté microbienne. Elle est également fonction de la quantité de lumière, donc des ressources carbonées disponibles. Le chef d'orchestre de cet ensemble de processus complexe est un facteur de transcription nucléaire, appelé « MYC2 », qui intègre l'ensemble des signaux provenant des racines, des feuilles et du microbiome racinaire.

La question fondamentale que se posent les biologistes qui étudient les interactions entre plantes et microbes est : comment l'hôte peut-il discriminer entre les bons et les mauvais microbes ? On sait désormais qu'une plante a la capacité de sélectionner ses partenaires symbiotiques :

- en libérant des nutriments que seuls certains microbes sont capables de consommer (par exemple, l'acide salicylique) ;

- en sécrétant des toxines (par exemple, les coumarines) qui tuent les uns, mais pas les autres et/ou
- en envoyant des signaux très spécifiques (par exemple, les strigolactones) qui attirent les symbiotes.

Une fois qu'il a localisé son partenaire idéal, le microbe doit y pénétrer et affronter (ou éviter) les réactions de défense destinées à éliminer les assaillants. Au cours de l'évolution, les micro-organismes symbiotiques ont acquis les rudiments d'un langage chimique leur permettant de dialoguer avec la plante – un échange complexe de signaux moléculaires – indispensable à leur installation dans les racines ou les feuilles, un habitat protégé des agressions extérieures et où la nourriture abonde. Dans les chapitres précédents, nous avons vu que tous les organismes – bactéries, champignons, insectes ou plantes – qui tentaient de pénétrer dans le milieu intérieur d'une plante étaient immédiatement repérés par son système de surveillance grâce à la détection de motifs conservés, les PAMP. Les pathogènes sont alors rapidement annihilés, alors que les microbes bénéfiques, comme les symbiotes mycorhiziens, sont épargnés. Par exemple, lors de l'infection, les champignons libèrent des composés utilisés dans la construction de leur paroi cellulaire, les chitooligosaccharides (CO). Ce sont des dérivés de la chitine, constituant polysaccharidique majeur de la paroi. Chez le riz, le récepteur transmembranaire CEBiP (*chitin elicitor-binding protein*) capte les chitooligosaccharides. Si ces derniers sont formés d'une chaîne courte de 4 unités (CO4), CEBiP se lie à son corécepteur CERK1 (*chitin elicitor receptor kinase1*). Ce complexe déclenche une cascade de signalisation aboutissant à la mise en route de la réponse immunitaire, dont la production de dérivés réactifs de l'oxygène, afin de stopper la pénétration du pathogène *Magnaporte grisea*, l'agent de la pyriculariose du riz. En revanche, si les chitooligosaccharides sont constitués de chaînes longues de 8 unités (CO8), CERK1 forme un complexe avec le récepteur symbiotique NFR5 (*Nod factor receptor5*) lançant la cascade de signalisation calcique impliquée dans la formation de la symbiose avec les champignons mycorhiziens. La proportion CO4/CO8 et la compétition entre les deux complexes CEBiP/CERK1 et CERK1/NFR5 jouent donc un rôle clé dans la discrimination entre coopération (symbiose) ou conflit (défense). D'autres signaux, d'autres récepteurs et d'autres circuits d'information viennent incrémenter et affiner ce système de reconnaissance afin de permettre à l'hôte de surveiller et de contrôler la multitude de bactéries et champignons qu'elle héberge en son sein.

L'essentiel des recherches conduites sur les processus moléculaires utilisés par les plantes pour sélectionner et façonner leur microbiote est actuellement mené sur quelques plantes modèles, l'arabette des dames, la luzerne tronquée (*Medicago truncatula*) ou le riz (*Oryza sativa*). Les quelques études réalisées sur le peuplier et le chêne laissent penser que les arbres utilisent des mécanismes similaires pour dialoguer avec leur microbiote. Comment ces processus complexes se déclinent-ils dans les chênes ou les sapins exposés à des milliers de partenaires potentiels, chaque jour de leur longue vie, dans les forêts du Yunnan ? De nombreuses expéditions scientifiques seront nécessaires pour apporter une réponse à cette question si importante pour comprendre le fonctionnement de ces écosystèmes à la biodiversité exceptionnelle.

CHAPITRE 7

L'Homme qui plantait des arbres

« Les arbres sont les efforts sans fin de la terre pour parler au ciel qui l'écoute. »

RABINDRANATH TAGORE, *Fireflies*, 1928

L'automne dernier, je faisais une longue randonnée, sur des hauteurs qui m'étaient jusqu'alors inconnues, la Montagne de Lure. Orientée de l'est vers l'ouest, elle est comme un trait d'union entre les contreforts du mont Ventoux et la vallée de la Durance, un chaînon montagneux préalpin qui pénètre en Haute-Provence. Bordé par le plateau d'Albion au sud et les Baronnies au relief tourmenté au nord, ce pays de montagne est sauvage, hors des routes touristiques. C'est une montagne karstique. L'adret est couvert de vallons et de combes, et crevassé d'avens et de dolines. Sa crête en corniche est pelée et pierreuse, balayée par les vents, le mistral, l'aura bruna ou le marin selon les saisons. L'ubac est une mosaïque de ravins et de vallons qui dévalent jusqu'au lit du Jabron qui s'écoule en contrebas. Comme dans beaucoup de montagnes, les arbres reconquièrent, peu à peu, les anciens alpages, et les drailles, délaissées par les troupeaux transhumants, s'évanouissent dans le maquis. De belles forêts de chênes pubescents et de pins sylvestres couvrent l'adret, tandis que l'ubac accueille des bois de hêtres accompagnés de sapins blancs. En bas des pentes, j'aperçus quelques sombres bosquets d'yeuses aux feuilles marcescentes – j'aurais aimé pouvoir les parcourir à la recherche de truffes !

En marchant sur le chemin qui court sur la Crête de la Faye vers le Sommet de Larran et le Jas des Agneaux, je ne me lassais pas de contempler les vigoureuses forêts qui s'écoulaient vers l'Albion ou dévalaient vers le Jabron au nord. Après des siècles de batailles perdues face aux bergers, bûcherons et charbonniers, les arbres s'épanouissaient à nouveau sur les flancs de la montagne provençale. Pourtant, la forêt avait failli disparaître des pentes calcaires de la Lure. L'édition de 1770 de la carte topographique et géographique de Cassini témoigne d'une exploitation forestière intensive puisque ne subsistaient alors que quelques hêtraies et des sapinières dans des lieux inaccessibles. La montagne était pelée, révélant son ossature de calcaire, ou recouverte de pâturages broutés par les immenses troupeaux de moutons venus de la Crau. Ailleurs, la forêt de chênes pubescents originelle avait cédé la place à la garrigue, un écosystème forestier dégradé dû au passage répété des incendies. Les bergers perpétuaient une longue tradition, héritée de leurs pères et grands-pères. Ils brûlaient forêts et garrigues afin de conserver la montagne ouverte pour leurs bêtes. Cette déforestation déraisonnable apporta son lot de malheurs sur les communautés villageoises des vallées car elle provoqua, lors des épisodes méditerranéens, de fréquentes crues et des inondations catastrophiques, emportant les meilleures terres et les fermes.

En observant les hêtraies et les chênaies colorées par l'automne, je m'amusais à imaginer qu'elles étaient l'œuvre d'Elzéard Bouffier, berger et allié indéfectible des arbres. Ce personnage fameux est au cœur de *L'Homme qui plantait des arbres*, le texte le plus populaire de Jean Giono. L'écrivain condense dans cette courte nouvelle tout l'amour passionné qu'il porte aux arbres. Grâce à l'action patiente du pâtre, les landes nues et monotones où ne poussaient que des lavandes sauvages et des cistes, couvertes de squelettes de villages abandonnés, se transformaient… « Depuis trois ans il plantait des arbres dans cette solitude. Il en avait planté cent mille. Sur les cent mille, vingt mille étaient sortis. Sur ces vingt mille, il comptait encore en perdre la moitié, du fait des rongeurs ou de tout ce qu'il y a d'impossible à prévoir dans les desseins de la Providence. Restaient dix mille chênes qui allaient pousser dans cet endroit où il n'y avait rien auparavant. » À lire Jean Giono, on réalise que bon nombre de nos paysages forestiers sont ainsi l'œuvre de sylviculteurs avisés (ou de discrets Elzéard Bouffier). Face aux massacreurs d'arbres, saluons le travail patient des planteurs, créateurs de canopée. Ces derniers ont bien compris que la diversité sylvestre devait être au cœur de leur œuvre patiente ; ils sèment chênes, érables, hêtres, sapins et bouleaux. Ainsi, ils dessinent, touche par touche, des paysages où les formes et les couleurs forment une mosaïque délicate. Sur des terres autrefois désolées, ces jardiniers en parcourant les flancs des montagnes favorisent le retour des sources, de la pivoine, de la tulipe, de la girolle, de la truffe, de l'apollon, de la rosalie, mais aussi des loups. En contrepartie, la disparition de la lande et de la garrigue entraîne inéluctablement la régression des espèces qui leur étaient inféodées. Les amoureux des espaces ouverts s'en attristeront.

Faire renaître les forêts. Comment ne pas souscrire à une si belle ambition ? Parcourir la lande en semant des glands et faire revenir la chênaie des temps jadis. Je crois que vous aviez déjà deviné que j'avais le goût des longues errances dans les belles futaies. Les forêts qui me charment ne sont pas seulement les brousses primaires alaskiennes ou guyanaises, sauvages et désordonnées, mais aussi celles qui, jardinées, portent l'empreinte des hommes. L'ordonnancement délicat des grandes futaies régulières de chênes et de hêtres, avec leurs sous-bois de noisetiers, de sycomores et d'alisiers, possède un charme qui m'étreint. Elles me procurent une jouissance sensuelle et esthétique. Leur architecture, tendue vers le ciel, évoque la nef des cathédrales gothiques. Elles portent l'empreinte d'une longue histoire, d'une époque où la sauvagerie a été policée, maîtrisée. En semant et en plantant, des générations de sylviculteurs – ceux qui cultivent les arbres – ont orienté l'œuvre de la nature. L'évolution de la forêt est entre leurs mains et ils s'efforcent de maîtriser la croissance des vigoureux rejetons dont ils ont la responsabilité. L'adage des forestiers n'est-il pas : « Imiter la nature, hâter son œuvre » ? Certains lecteurs me prendront pour un naïf et me rétorqueront que ces futaies de chênes, de hêtres ou de sapins ne sont pas là pour satisfaire le sens esthétique des forestiers ou des promeneurs, mais pour produire du bois d'œuvre, de l'énergie ou de la pâte à papier. Effectivement, depuis l'Ordonnance de Colbert de 1669 « sur le fait des Eaux et Forêts », les administrations successives ont maîtrisé l'art d'exploiter les forêts afin de produire des ressources ligneuses ou de préserver des territoires de chasse. Pas de doute, l'essentiel des forêts qui nous entourent sont bel et bien le résultat d'une exploitation de plusieurs siècles, mais également le fruit d'une longue histoire et du travail et du savoir-faire de plusieurs générations de forestiers. La majestueuse chênaie de Tronçais qui a la réputation d'être la plus belle futaie de chênes d'Europe, ainsi que de nombreuses chênaies domaniales ont été plantées pour une grande part dès le XVIIe siècle pour répondre à la nécessité de produire du bois de marine. À la fin du XIXe siècle, les opérations de restauration des terrains en montagne ont conduit à des reboisements massifs pour limiter l'érosion, les risques d'éboulement et d'avalanches et ainsi protéger les populations des vallées. Au même moment, dans les Landes, des plantations de pins étaient mises en place pour assécher les marais et lutter contre le paludisme. En fonction de leur composition en essences sylvicoles, de leur stade de régénération, de l'âge et de la structure des peuplements, 94 % des forêts sont considérées comme « semi-naturelles ». Pour moitié, elles sont constituées de peuplements ne comportant qu'une seule essence, des monocultures, même si les forêts du nord-est et du Massif central sont plus diversifiées. Les forêts plantées occupaient 14 % de la superficie forestière en 2016. En conséquence, 50 % des arbres ont moins de 60 ans, 79 % ont moins de 100 ans et seul 1 % des arbres ont plus de 200 ans. Cette vision utilitariste, industrielle et quantitative est désormais battue en brèche. Après la forêt primaire, puis la forêt secondaire et les déboisements massifs en faveur de l'agriculture, de l'élevage et des industries, nous sommes en France dans une phase de reforestation et de restauration. Ces dix dernières années, la superficie forestière a augmenté de 0,7 % par an pour atteindre plus de 17 millions d'hectares. Depuis 1992, la gestion forestière a changé de paradigme – elle est passée d'une exploitation soutenue de la forêt à une gestion durable qui « vise à maintenir et à renforcer les valeurs économiques, sociales et écologiques de tous les types de forêts, pour le bien des générations présentes et futures* ». Il n'empêche qu'aujourd'hui le débat est encore vif entre écologistes et sylviculteurs. Pour les premiers, la gestion durable des forêts doit essentiellement assurer la conservation de la biodiversité ; pour les forestiers, elle doit permettre une production équilibrée des ressources ligneuses et des services.

Les brigades de feuillus et de résineux qui couvrent un tiers du pays sont supposées prendre en charge de multiples missions cruciales – nous approvisionner en bois, nous ressourcer lors de nos promenades dominicales, nous protéger des dangers naturels en montagne, héberger une faune et une flore diversifiées et filtrer l'eau que nous buvons et l'air que nous respirons. Depuis quelques années, nous leur avons confié une mission encore plus délicate… sauver notre civilisation en piégeant le CO_2 que notre inconséquence a produit en très large excès. Dans tous les scénarios du GIEC, les forêts sont essentielles pour absorber et séquestrer le CO_2 et ainsi contenir l'élévation de la température atmosphérique moyenne mondiale en dessous de 2 °C, et aussi près que possible de 1,5 °C. Les arbres piègent le CO_2 atmosphérique car son incorporation dans la biomasse, grâce à la photosynthèse, dépasse les émissions liées à la respiration des

* « Déclaration de Rio sur l'environnement et le développement – Principes de gestion des forêts », Sommet Planète Terre, Conférence des Nations unies sur l'environnement et le développement, Rio de Janeiro, Brésil, 3-14 juin 1992.

feuilles et des racines. Année après année, ils immobilisent une quantité croissante de carbone dans le tronc, les branches et les racines. Plus une forêt est âgée, plus son stock de carbone est important. Retarder l'âge de la récolte des peuplements pourrait donc se révéler bénéfique à l'atténuation à condition de protéger les stocks de carbone accumulés contre les tempêtes, les incendies, les ravageurs ou les événements climatiques. Au niveau planétaire, les forêts absorberaient 16 milliards de tonnes de CO_2 par an. Dans le même temps, elles libéreraient environ 8 milliards de tonnes de CO_2 à la suite des incendies, de la déforestation et de la combustion du bois. Les 8 milliards de tonnes de CO_2 piégées dans les forêts représenteraient environ 20 % des 36 milliards de tonnes de CO_2 que nous produisons. Actuellement, la séquestration de carbone dans les forêts européennes est voisine de 10 % des émissions de gaz à effet de serre de l'Union européenne. Malheureusement, dans de nombreuses régions du monde, comme l'Asie du Sud-Est, les zones forestières libèrent plus de CO_2 qu'elles n'en piègent à cause d'une déforestation massive. Plusieurs études alertent également sur la nécessité de parfaire nos connaissances sur le fonctionnement des cycles biogéochimiques des forêts, car elles produisent d'autres gaz à effet de serre comme le méthane et l'isoprène.

Administrations, organisations non gouvernementales et scientifiques s'accordent pour proposer de piéger de plus grandes quantités de CO_2 atmosphérique dans les massifs forestiers et les produits issus de leur exploitation. Quatre leviers sont généralement évoqués pour optimiser ce mécanisme d'atténuation : stockage dans l'écosystème (biomasse et sol), séquestration dans le bois, substitution sous forme de matériau ou substitution sous forme d'énergie. Toujours selon le GIEC, renforcer la protection des forêts actuelles semble être plus efficace que tous les programmes de plantations et de reboisements réunis. Par exemple, 70 à 75 % des vastes étendues de la forêt boréale sibérienne sont proches de leur naturalité primaire, et cette taïga s'accroît désormais en colonisant la toundra arctique à la suite de l'augmentation des températures et des précipitations en Sibérie. Dans un article récent de la revue *Nature*, Dmitry Schepaschenko et ses collègues de l'International Institute of Applied Systems Analysis ont estimé que les 640 milliards de mélèzes, d'épicéas, de pins et de bouleaux de la taïga sibérienne capturaient 1,7 milliard de tonnes de CO_2 chaque année. Reste à protéger ce puits de carbone gigantesque des incendies si on veut qu'il joue pleinement son rôle.

La stratégie favorisée par les pouvoirs publics français dans le Plan national de la forêt et du bois de 2018 repose essentiellement sur une augmentation des prélèvements en forêts pour maximiser le stockage de carbone dans les produits issus du bois. Cependant, un prélèvement plus important des branches et des bois morts et la raréfaction des gros et très gros bois impacteront vraisemblablement la biodiversité des insectes et des champignons xylophages. Cette exportation des bois morts risque bien, à long terme, de déstabiliser les cycles écologiques et la fertilité des sols. En effet, la récolte des branches et des bois morts occasionne une perte de l'ordre de 24 % du stock de carbone de la litière.

À l'opposé, plusieurs études proposent d'augmenter fortement la surface dédiée aux forêts en libre évolution et d'allonger la durée des révolutions dans les massifs forestiers gérés, pour se rapprocher de l'optimum de stockage de carbone dans les écosystèmes naturels. Ce scénario présenterait l'intérêt d'optimiser la séquestration du CO_2 dans les prochaines décennies et d'augmenter significativement la naturalité des forêts. Comment les forestiers seront-ils capables d'aménager des forêts multifonctionnelles capables de concilier ces injonctions contradictoires ? Les débats qui animent les cénacles de sylviculteurs, d'environnementalistes et de scientifiques sur les taux de prélèvement de bois et la place que nous pourrions accorder à la substitution par le bois des énergies fossiles sont des plus vifs. Dans tous les cas, une stratégie d'atténuation efficace devra trouver un équilibre entre augmenter le volume de bois vivant par une sylviculture durable appropriée, dont la libre évolution et les plantations, et augmenter les stocks dans les produits issus du matériau bois.

Une fois la stratégie adoptée, il restera cependant à la mettre en œuvre, car les avis divergent profondément sur l'intérêt de lancer des programmes de plantation de grande envergure. Une réflexion préalable approfondie devra décider de l'ampleur des boisements, déterminer les espèces les plus appropriées au climat futur, ainsi que le degré de diversité des nouveaux boisements. Les différentes options envisagées auront des répercussions scientifiques, politiques, sociales et économiques majeures. Les projets très ambitieux, comme l'initiative mondiale Trillion Trees Campaign, nécessiteront des investissements financiers considérables, et un échec aurait des conséquences économiques, mais également politiques, désastreuses. Dans un article retentissant de la prestigieuse revue scientifique *Science*, publié en juillet 2019, Jean-François Bastin et Thomas Crowther et leur équipe d'écologues de l'École polytechnique fédérale de Zurich ont proposé de déployer d'immenses plantations à l'échelle planétaire. Ces auteurs estimaient que nous disposions de suffisamment de surface disponible pour planter 1 200 milliards d'arbres, sachant que Thomas Crowther avait préalablement estimé le nombre total d'arbres dans le monde à 3 100 milliards. Cette fois, « l'homme qui comptait les arbres » proposait une méthode aussi simple qu'efficace pour lutter contre le réchauffement climatique : planter partout où c'est possible, soit 900 millions d'hectares. Ce capital de reforestation planétaire a été estimé par des modèles mathématiques sophistiqués en analysant 78 000 photographies satellitaires, le taux de CO_2 fixé par les arbres des forêts tropicales, boréales, tempérées et sèches et enfin, plusieurs critères physicochimiques, comme la température atmosphérique, les précipitations annuelles, l'altitude ou la teneur des sols en carbone. En augmentant d'un tiers la surface des forêts mondiales pour atteindre 6,3 milliards d'hectares, il serait ainsi possible, en quelques décennies, d'absorber jusqu'à 205 milliards de tonnes de carbone : l'équivalent des deux tiers des rejets anthropiques émis depuis la révolution industrielle. Selon Crowther et ses collègues, ces plantations pourraient être installées sur des milieux dégradés, mais également remplacer des prairies et des savanes en Australie (58 millions d'hectares), au Brésil (50 millions d'hectares), au Canada (103 millions d'hectares), en Chine (40 millions d'hectares), aux États-Unis (103 millions d'hectares) et en Russie (151 millions d'hectares).

Avant de mettre en œuvre ce type de programme d'aménagement forestier à l'échelle du globe, il est toutefois crucial d'évaluer sa faisabilité et les coûts induits d'une telle politique de piégeage du CO_2. En effet, il est fondamental d'éviter les conflits potentiels avec le maintien de la biodiversité, la demande croissante de surfaces agricoles indispensables à l'alimentation humaine ou le développement et la restauration d'autres écosystèmes, comme les prairies humides, les savanes ou les tourbières. Planter plus d'un millier de milliards d'arbres… n'est-ce pas là une vision simpliste et naïve du fonctionnement des forêts et de leur rôle potentiel dans la lutte contre le changement climatique ? C'est l'opinion d'un collectif de 46 scientifiques, publiée en octobre 2019, dans le magazine *Science*. Un texte appelant à la prudence dans l'application éventuelle de la proposition de Crowther et de ses collègues. Il apparaît que l'étude de ces derniers aurait manifestement surestimé le potentiel de piégeage du CO_2 par les arbres, multipliant par cinq la réelle capacité des plantations à atténuer l'accumulation de CO_2. « Il ne s'agit pas de planter des arbres, mais d'aider les forêts à se développer, rétorque Claude Garcia, chercheur au CIRAD qui a contribué à la modélisation. Cela ne résout pas le problème des émissions mais cela fait gagner du temps : le temps nécessaire pour opérer les transformations de notre société. Pour agir, il faut croire que les choses sont possibles. Les résultats de cette étude permettent d'étendre les limites de ce que les gens pensaient possible. » Certes, mais remplacer des savanes, des prairies ou encore des tourbières par des plantations d'arbres conduirait inéluctablement à la destruction d'écosystèmes naturels ayant une histoire se comptant en milliers, voire en millions d'années. Les prairies naturelles et les savanes sont riches d'une grande biodiversité et fournissent des services écosystémiques importants à de nombreuses communautés autochtones. Autre facteur aggravant : les essences utilisées dans la majorité des plantations actuelles sont des pins, des eucalyptus et des acacias à croissance rapide. Ne répétons pas les erreurs du passé. En effet, dans certaines régions comme le Portugal, le Brésil, la Californie ou l'Afrique du Sud, les très grandes plantations d'eucalyptus ont eu un impact catastrophique sur les réserves d'eau et la biodiversité. Plus grave, elles sont désormais parcourues par des incendies destructeurs et incontrôlables.

Au Portugal, au Chili et en Australie, les récents incendies de forêt ont libéré en quelques jours dans l'atmosphère une bonne partie du carbone séquestré par un siècle de reforestation. De plus, la prépondérance de ces monocultures favorise l'effet des tempêtes et des ravageurs. Les partenaires du Défi de Bonn* précisent d'ailleurs que promouvoir l'installation de forêts naturelles sur 350 millions d'hectares permettrait de piéger 42 milliards de tonnes de CO_2 d'ici 2100. Si cette superficie était occupée par des monocultures, un seul milliard de tonnes de CO_2 serait alors séquestré et la biodiversité serait réduite. De nombreux scientifiques et environnementalistes sont donc favorables à ce que nous laissions faire la nature, comme au Vietnam où le gouvernement s'est engagé à restaurer 14,6 millions d'hectares de forêts naturelles. Transformons les forêts secondaires ou dégradées en forêts à forte naturalité en arrêtant leur exploitation, en excluant le bétail et en limitant l'impact des aléas climatiques et des ravageurs. En quelques décennies (quarante à soixante-dix ans selon les régions), ces sylves restaurées et régénérées constitueront un puits de carbone aussi efficace qu'une forêt primaire. À la condition toutefois que leur restauration et leur protection reposent sur l'adhésion des communautés locales.

Cette controverse sur les plantations forestières, qui a animé pendant plusieurs mois la communauté scientifique, alimente le débat en cours dans les milieux

---

* www.bonnchallenge.org

scientifiques, forestiers et politiques sur la vision future des forêts. Entre la Commission européenne et son « Pacte vert pour l'Europe » et plusieurs confédérations et organisations européennes des industries du bois et des propriétaires de forêts, la controverse fait rage. Ces derniers affirment que la nouvelle stratégie européenne réduirait les forêts à des considérations uniquement environnementales, sans prendre en compte les aspects socio-économiques. Il est vrai que l'objectif de ce Pacte vert européen est ambitieux : réduire les émissions nettes de gaz à effet de serre d'au moins 55 % d'ici à 2030 par rapport aux niveaux de 1990 en s'engageant « à protéger strictement les forêts primaires et anciennes, à restaurer les forêts dégradées et à faire en sorte qu'elles soient gérées durablement, de manière à préserver les services écosystémiques essentiels que fournissent les forêts et dont la société dépend* »… Cap sur des forêts plus nombreuses et plus résilientes, afin qu'elles puissent jouer leur rôle en matière de biodiversité et de contribution à la bioéconomie circulaire (apport de matériaux, de produits et services). Cette nouvelle orientation prévoit également la plantation d'au moins trois milliards d'arbres supplémentaires dans l'Union européenne. Beaucoup espèrent que la nouvelle politique forestière européenne signera la fin des coupes à blanc aboutissant à l'abattage de la totalité des arbres d'une parcelle d'une exploitation

---

* https://ec.europa.eu/info/strategy/priorities-2019-2024/european-green-deal/delivering-european-green-deal_fr#documents

forestière – la tristement célèbre « coupe rase ». Au-delà des bonnes intentions et des discours politiques, produire plus de bois pour séquestrer le CO_2 tout en préservant mieux la biodiversité des espaces boisés et assurer la viabilité de la filière économique est un formidable défi pour notre génération.

Combattons pour que les boisements futurs ne soient pas de vastes monocultures d'épicéas, de pins ou d'eucalyptus. Elles ne sont plus dans l'air du temps. Favorisées après les deux guerres mondiales afin de restaurer les forêts européennes déchiquetées par la mitraille, elles ont montré leurs limites. Réalisées à partir de millions de jeunes plants, issus des pépinières forestières, ces « champs d'arbres » à la diversité réduite se sont révélés très sensibles face aux aléas naturels (tempêtes, sécheresses, incendies) et aux épidémies de ravageurs. La crise sanitaire forestière que nous traversons, à la suite des sécheresses estivales répétées, témoigne des risques inhérents à ces boisements uniformes – les plantations d'épicéas de plaine et de sapins des Vosges, affaiblies par les sécheresses estivales répétées, sont décimées par les insectes ravageurs. De plus, tous les travaux réalisés sur la santé des forêts par nos collègues phytopathologistes insistent bien sur le rôle protecteur des reboisements diversifiés, mimant les écosystèmes naturels multi-espèces et hétérogènes. Les pathogènes et les ravageurs, qui sont souvent inféodés à une essence sylvicole, ont plus de difficulté à repérer leur cible camouflée dans une communauté végétale complexe. Le vieux berger Elzéard

Bouffier l'avait bien compris en semant chênes, hêtres, bouleaux et érables sur les montagnes provençales. Les forêts diversifiées et hétérogènes survivent aux aléas des siècles. Enfin, il ne suffit pas de bien planter – au bon endroit et au bon moment –, il faut ensuite accompagner la croissance et le développement de ces forêts naissantes et les gérer de façon durable à travers une planification judicieuse sur le long terme. Planter un jeune semis est un acte symbolique fort. L'arbre, une fois enraciné, nous survivra de plusieurs siècles, fournissant ombre, beauté et ressources à de nombreuses générations futures. C'est un message d'espoir que nous envoyons à nos lointains descendants.

La mise en place ou la restauration d'un massif forestier sont bien plus complexes que l'étape initiale consistant à planter des milliers d'arbres. Elles visent à la reconstitution des processus écologiques opérant dans une forêt naturelle. C'est un réel défi. À titre d'exemple, en 2019, le gouvernement turc a organisé un vaste programme de plantation. Plus de 11 millions d'arbres furent plantés sur 2 000 sites en quelques jours. Trois mois plus tard, 90 % des jeunes semis étaient morts, faute de soins ou bien parce qu'ils avaient été plantés dans de mauvaises conditions au mauvais moment. En Chine, 85 % des arbres plantés pour la construction de la Grande Muraille verte de 4 500 kilomètres de long, initiée en 1978 pour stopper la progression du désert de Gobi, n'ont pas survécu car les essences choisies n'étaient pas adaptées au climat aride de cette région.

Afin de garantir la réussite d'un reboisement, le sylviculteur avisé optera pour une combinaison d'approches alliant la régénération naturelle, les semis directs ou la plantation d'espèces locales ou adaptées au changement climatique. Ensuite, il s'efforcera dans la conduite de son jeune peuplement de favoriser l'équilibre entre les essences tout en favorisant l'irrégularité des formes et des tailles, car diversité et hétérogénéité semblent faciliter la résilience aux aléas climatiques. L'aménagement d'une telle forêt passe par une planification complexe incluant : le choix des essences à planter, la prévision des diamètres d'exploitabilité des arbres, le nombre de récoltes, la gestion des bois morts, la délimitation des zones protégées, l'optimisation des pistes de débardages, la protection sanitaire, la concertation avec les populations et les associations locales, les services écologiques… Je pourrais ajouter l'installation d'un microbiote racinaire bénéfique, mais cette pratique n'est pas encore entrée dans les mœurs des forestiers. Dans tous les cas, la feuille de route du forestier ne s'improvise pas. Depuis des siècles, le corps des forestiers a appris la patience, la pondération et le pragmatisme… quoique le changement climatique rapide soit en train de bouleverser les modes de gestion traditionnels.

À l'exception des vallons perdus et des ravins des pays de montagne que j'aime parcourir, les massifs boisés ne présentent pas les stades de développement tardifs que l'on trouve dans les forêts anciennes et primaires, rares ou exceptionnelles en Europe. Pendant des siècles, l'exploitation économique des forêts a eu vocation à produire des ressources économiques, matériaux durables et énergie. Par essence, ce mode de gestion sylvicole entrave le vieillissement naturel des arbres car il raccourcit leur cycle biologique qui s'étend normalement sur des centaines d'années. Même les chênes sessiles ou pédonculés qui pourraient vivre plus de cinq cents ans sont récoltés avant cent cinquante ans. Pourtant, des centaines d'espèces microbiennes, animales et végétales sont inféodées aux très vieux arbres. Seuls ces patriarches, aux troncs craquelés, vêtus de mousses et de lichens et ornés de branches brisées, sont capables de leur fournir un habitat approprié. Les cavités, fissures, cassures et branches mortes offrent des ressources indispensables aux oiseaux, insectes, champignons et plantes épiphytes. Le bois mort jonchant le sol et les chandeliers abritent de nombreux invertébrés xylophages et des champignons décomposeurs de bois, et contribue en outre à améliorer l'équilibre nutritif des sols et à préserver l'eau. Si l'on veut promouvoir une biodiversité optimale dans des forêts à naturalité croissante, il est nécessaire de maintenir une mosaïque d'habitats avec des zones exploitées pour l'approvisionnement en bois, jouxtant des parcelles laissées à l'abandon avec de large quantité de bois mort, des vieux arbres et des trouées forestières.

C'est indiscutable, nous ne sommes pas indispensables à la survie sur le long terme de la forêt. Si nous leur en donnons l'opportunité, les arbres que des générations d'hommes ont combattus, coupés, brûlés, exploités ou embrigadés dans les plantations, qui se sont repliés dans les vallons perdus ou réfugiés sur les pentes inaccessibles, s'épanouiront dans les territoires difficiles à exploiter, les réserves biologiques intégrales et les îlots de sénescence. Aujourd'hui, à peine 1,2 % des forêts domaniales et 0,13 % des forêts françaises métropolitaines sont dans des réserves intégrales. C'est insignifiant. On est loin des ambitions affichées dans le programme allemand pour la biodiversité, à savoir un objectif de 5 % des forêts en libre évolution. Sachant qu'il existe plus de cinq millions d'hectares de terres sans usages en France, il semble raisonnable de promouvoir l'extension des peuplements en évolution naturelle, exempts de toute exploitation et intervention sylvicole où le milieu se développe selon les lois naturelles. L'association Canopée, optimiste, propose de laisser 25 % de la forêt française en libre évolution. Dans les peuplements exploités, favorisons la conservation des arbres jusqu'à leur stade de sénescence et d'effondrement. Grâce à toutes ces initiatives, nous reconstituerons ainsi un réseau écologique national et régional fonctionnel (trame verte/trame bleue) afin de sauvegarder la biodiversité et permettre aux espèces, y compris les arbres, de migrer pour échapper au réchauffement climatique.

Notre société a confié aux forestiers une mission très risquée : planifier et aménager les forêts du siècle prochain sans certitude sur l'ampleur des changements climatiques à venir. Quels peuplements faut-il conserver ? Quels sont ceux qu'il faut récolter pour satisfaire les besoins en bois et éviter d'attendre les dépérissements ? Quelles essences résilientes faudrait-il introduire dans les nouveaux boisements ? Hervé Le Bouler, forestier émérite, a résumé la situation avec son bon sens breton dans un article de *Forest Topic** : « Aujourd'hui, faute de mieux je dirais, on part souvent sur les méthodes du Fonds forestier national (FFN) d'avant les changements climatiques et sanitaires. Je doute qu'on reste longtemps sur ces méthodes. On va devenir des forestiers pragmatiques, suivant la situation au fur et à mesure de son évolution, raccommodeurs, rafistoleurs, rapiéceurs de forêts, incertains et s'ajustant sans cesse : des marins caboteurs dans le brouillard et les courants contraires. Forestiers : soyons décidés, proactifs, mais modestes et ouverts. Citoyens : soyons bienveillants, aidons les forestiers et cherchons à comprendre et à partager les problèmes. Bien malins et bien prétentieux ceux qui viendront dire : il n'y pas de doute, il faut faire comme ci et surtout pas comme ça. »

Nous sommes donc arrivés à un moment critique de l'évolution de nos sociétés technologiques. La déforestation est l'un des grands malheurs de la condition humaine dans de nombreuses régions du monde. Le dérèglement climatique et son cortège funeste de

---

* « Changements climatiques et sanitaires : rafistoler et raccommoder les forêts » : https://www.forestopic.com/fr/agora/points-vue/charpente-racines/1252

catastrophes (incendies, sécheresses, inondations) exigent un changement rapide de nos comportements de consommation et une prise de conscience de la fragilité des écosystèmes naturels, dont les forêts sont emblématiques. Au moment même où j'écris la conclusion de cet essai sur les conflits qui assaillent les forêts, des feux gigantesques et incontrôlables font rage dans les forêts de l'Ouest canadien, de l'Oregon et de la Sibérie. Les forêts sont de plus en plus vulnérables. Dans une étude publiée en début d'année, Giovanni Forzieri de l'Institut de recherche de la Commission européenne d'Ispra et ses collaborateurs ont évalué cette vulnérabilité croissante des forêts européennes aux incendies, aux chablis et aux invasions d'insectes à partir de données satellitaires. Leurs prédictions ne peuvent que nous inquiéter. Elles indiquent qu'environ 33 milliards de tonnes de biomasse forestière pourraient être sérieusement affectées par ces perturbations, avec des pertes relatives plus élevées lorsqu'elles sont exposées aux chablis et aux incendies par rapport aux épidémies d'insectes. Les points chauds de vulnérabilité sont localisés en bordure de l'enveloppe climatique, tant dans le sud que dans le nord de l'Europe. La vulnérabilité accrue des forêts est liée à une réduction des mécanismes de défense des plantes contre les infestations d'insectes, induite par la hausse des températures et la fréquence des sécheresses. La vulnérabilité aux chablis est plus élevée en Norvège et dans le sud de l'Europe, et en particulier dans ses zones montagneuses (Alpes, Caucase et Carpates). Enfin, la vulnérabilité aux incendies semble plus élevée en Suède, en Finlande, en Russie et dans le sud de la péninsule Ibérique. Un point de basculement semble avoir été atteint après l'an 2000 et les hausses de température anticipées ne feront qu'amplifier l'incapacité croissante des arbres à se défendre contre les épidémies d'insectes.

Aidons les forêts à survivre aux bouleversements climatiques que nous avons déclenchés. Tentons d'inverser ce processus mortifère en sauvegardant les dernières forêts primaires, en gérant les forêts multifonctionnelles de façon durable et en plantant des forêts résilientes avec des espèces adaptées au climat futur. Enfin, je rêve de voir s'épanouir au cœur de nos paysages de vastes sylves, libres de suivre leur destin, pleines d'arbres chenus et moussus. Je rêve de chaos végétaux riches d'une incroyable confusion d'insectes volants et rampants, de mycètes aux couleurs chatoyantes, de dentelles de lichens et de plantes suspendues à la canopée de géants millénaires. Je rêve que mes descendants puissent encore aller se perdre dans ces forêts très anciennes. Alors, les forêts seront redevenues le manteau de la Terre.

Juillet 2021

BIBLIOGRAPHIE

Il était une fois la forêt

Arend M., Kahmen A. *et al.*, « *Rapid hydraulic collapse as cause of drought-induced mortality in conifers* », *Proceedings of the National Academy of Sciences USA*, vol. 118, n° 16, 2021, e2025251118.

Barthélémy P., « Qui a peur des espèces invasives ? Entretien avec Jacques Tassin », Lemonde.fr, 2014.

Birot Y., Florentin G.-H., Henry J.-Y. et Roman-Amat B., *Le Grand Livre des arbres et de la forêt*, Paris, Odile Jacob, 2020.

Boutte B., « Analyse du taux de mortalité relevé sur les observations de veille sanitaire des correspondants-observateurs entre 2014 et 2020 », *Département de la santé des forêts*, ministère de l'Agriculture et de l'Alimentation, 2020.

Convention citoyenne pour le climat, « Socle d'information initial à destination des membres de la convention » : https://www.conventioncitoyennepourleclimat.fr/wp-content/uploads/2019/10/03102019-convcit-socledoc-web.pdf

COUDERC J.-M., « Forêts ou plantations d'arbres ? », *Bulletin de l'Association de géographes français*, vol. 65, n° 3, 1988, p. 227-237.

DAUVERGNE B., « L'imaginaire européen de la forêt », *Encyclopédie pour une histoire numérique de l'Europe*, 2020.

MABEY R., « *How plants think* », *The Guardian*, 16 octobre 2015.

MAUSER H., « *Key questions on forests in the EU* », Knowledge to Action 4, European Forest Institute, 2021.

MORAND S. et LAJAUNIE C., « *Outbreaks of vector-borne and zoonotic diseases are associated with changes in forest cover and oil palm expansion at global scale* », *Frontiers in Veterinary Sciences*, vol. 8, 2021, e661063.

NNADI N. E. et CARTER D. A., « *Climate change and the emergence of fungal pathogens* », *PLoS Pathogens*, vol. 17, 2021, e1009503.

OBLADEN N., SEIM A. *et al.*, « *Tree mortality of European beech and Norway spruce induced by 2018-2019 hot droughts in central Germany* », *Agricultural and Forest Meteorology*, vol. 307, 2021, e108482.

PLUMPTRE A. J., BOYD C. *et al.*, « *Where might we find ecologically intact communities ?* » *Frontiers in Forests and Global Change*, vol. 4, n° 26, 2021, e626635.

PÖTZELSBERGER E., LAPIN K. *et al.*, « *Forest biodiversity in the spotlight – what drives change ?* », European Forest Institute, 2021.

RULLI M. C., D'ODORICO P., GALLI N. et HAYMAN D. T. S., « *Land-use change and the livestock revolution increase the risk of zoonotic coronavirus transmission from rhinolophid bats* », *Nature Food*, vol. 2, 2021, p. 409-416.

Sánchez-Bayo F. et Wyckhuys K. A. G., « *Further evidence for a global decline of the entomofauna* », *Austral Entomology*, vol. 60, 2021, p. 9-26.

Xu C., Kohler T. A., Lenton T. M., Svenning J.-Ch. et Scheffer M., « *Future of the human climate niche* », *Proceedings of the National Academy of Sciences USA*, vol. 117, n° 21, 2020, p. 11350-11355.

1. Vers les cimes

Álvarez-Garrido L., Vinegla B., Hortal S., Powell J. R. et Carreira J. A., *et al.*, « *Distributional shifts in ectomycorrizhal fungal communities lag behind climate-driven tree upward migration in a conifer forest-high elevation shrubland ecotone* », *Soil Biology and Biochemistry*, vol. 137, 2019, e107545.

Broadbent A. A. D., Bardgett R. D. et *al.*, « *Climate change alters temporal dynamics of alpine soil microbial functioning and biogeochemical cycling via earlier snowmelt* », *The ISME Journal*, vol. 15, 2020, p. 2264-2275.

Chen I. C., Hill J. K., Ohlemüller R., Roy D. B. et Thomas C. D., « *Rapid range shifts of species associated with high levels of climate warming* », *Science*, vol. 333, n° 6045, 2011, p. 1024-1026.

Diez J., Büntgen U. *et al.*, « *Altitudinal upwards shifts in fungal fruiting in the Alps* », *Proceedings of the Royal Society B*, vol. 287, n° 1919, 2020, e20192348.

Geppert C., Marini L. *et al.*, « *Consistent population declines but idiosyncratic range shifts in Alpine orchids under global change* », *Nature Communications*, vol. 11, 2020, e5835.

Lenoir J., Gégout J. C., Marquet P. A., Ruffray (P. de) et Brisse H. *et al.*, « *A significant upward shift in plant species optimum elevation during the 20th century* », *Science*, vol. 320, n° 5884, 2008, p. 1768-1771.

LENOIR J. et GÉGOUT J.-C., « La remontée de la distribution altitudinale des espèces végétales forestières tempérées en lien avec le réchauffement climatique récent », *Revue forestière française*, LXII, 2010, p. 465-476.

MACDOUGALL A. S., LARSON K. *et al.*, « *Comparison of the distribution and phenology of Arctic Mountain plants between the early 20th and 21st centuries* », *Global Change Biology*, 2021.

MENÉNDEZ R., GONZÁLEZ-MEGÍAS A., JAY-ROBERT P. et MARQUÉZ-FERRANDO R., « *Climate change and elevational range shifts : evidence from dung beetles in two European mountain ranges* », *Global Ecology and Biogeography*, vol. 23, n° 6, 2014, p. 646-657.

MORET P., MURIEL P., JARAMILLO R. et DANGLES O., « *Humboldt's* Tableau Physique *revisited* », *Proceedings of the National Academy of Sciences USA*, vol. 116, n° 26, 2019, p. 12889-12894.

MORUETA-HOLME N., SVENNING J.-Ch. *et al.*, « *Strong upslope shifts in Chimborazo's vegetation over two centuries since Humboldt* », *Proceedings of the National Academy of Sciences USA*, vol. 112, n° 41, 2015, p. 12741-12745.

PAULI H., GOTTFRIED M., REITER K., KLETTNER Ch. et GRABHERR G., « *Signals of range expansions and contractions of vascular plants in the high Alps : observations (1994-2004) at the GLORIA master site Schrankogel, Tyrol, Austria* », *Global Change Biology*, vol. 13, n° 1, 2007, p. 147-156.

RUMPF S. B., DULLINGER S. *et al.*, « *Range dynamics of mountain plants decrease with elevation* », *Proceedings of the National Academy of Sciences USA*, vol. 115, n° 8, 2018, p. 1848-1853.

SCHERRER D., VITASSE Y., GUISAN A., WOHLGEMUTH T. et Lischke H., « *Competition and demography rather than dispersal limitation slow down upward shifts of trees' upper elevation limits in the Alps* », *Journal of Ecology*, vol. 108, n° 6, 2020, p. 2416-2430.

SEIDL R., REYER Ch. P. O. *et al.*, « *Forest disturbances under climate change* », *Nature Climate Change*, vol. 7, 2021, p. 395-402.

SENF C., BURAS A., ZANG Ch. S. RAMMIG A. et SEIDL R., « *Excess forest mortality is consistently linked to drought across Europe* », *Nature Communications*, vol. 11, 2020, e6200.

SENF C., SEBALD J. et SEIDL R., « *Increasing canopy mortality affects the future demographic structure of Europe's forests* », *One Earth*, vol. 4, n° 5, 2021, p. 749-755.

STEINBAUER M. J., WIPF S. *et al.*, « *Accelerated increase in plant species richness on mountain summits is linked to warming* », *Nature*, vol. 556, 2018, p. 231-234.

TESTOLIN R., JIMÉNEZ-ALFARO B. *et al.*, « *Global patterns and drivers of alpine plant species richness* », *Global Ecology and Biogeography*, vol. 30, n° 6, 2021, p. 1218-1231.

VERRALL B. et PICKERING C. M., « *Alpine vegetation in the context of climate change : A global review of past research and future directions* », *Science of the Total Environment*, vol. 748, 2020, e141344.

VITASSE Y., LENOIR J. *et al.*, « *Phenological and elevational shifts of plants, animals and fungi under climate change in the European Alps* », *Biological Reviews*, 2021.

ZELLWEGER F., COOMES D. *et al.*, « *Forest microclimate dynamics drive plant responses to warming* », *Science*, vol. 368, n° 6492, 2020, p. 772-775.

ZU K., ZHOU J. *et al.*, « *Upward shift and elevational range contractions of subtropical mountain plants in response to climate change* », *Science of the Total Environment*, vol. 783, 2021, e146896.

2. La nostalgie d'une forêt immémoriale

BELLASSEN V. et LUYSSAERT S., « Le cycle du carbone dans les forêts et le changement climatique : comprendre le passé pour s'adapter au futur », *Revue forestière française*, LXIV, 2012, p. 263-274.

CARVALHO M. R., SILVESTRO D. *et al.*, « *Extinction at the end-Cretaceous and the origin of modern Neotropical rainforests* », *Science*, vol. 372, n° 6537, 2021, p. 63-68.

DECOCQ G., « Décrypter la mémoire forestière au prisme de l'écologie historique : passé, présent et avenir », *Les Nouvelles de l'archéologie*, vol. 152, 2018.

ELLIS E. C., WATSON J. E. M. *et al.*, « *People have shaped most of terrestrial nature for at least 12,000 years* », *Proceedings of the National Academy of Sciences USA*, vol. 118, n° 17, 2021, e2023483118.

MOTTL O., WILLIAMS J. W. *et al.*, « *Global acceleration in rates of vegetation change over the past 18,000 years* », *Science*, vol. 372, n° 6544, 2021, p. 860-864.

SABATINI F. M., KUEMMERLE T. *et al.*, « *Where are Europe's last primary forests ?* », *Diversity and Distributions*, vol. 24, n° 10, 2018, p. 1426-1439.

SCHNITZLER A., « Cent ans de dynamique forestière spontanée en plein petit âge glaciaire dans le Pays de Bitche, Lorraine », *Revue forestière française*, LXXIII, 2020, p. 361-376.

VANCUTSEM C., NASI R. *et al.*, « *Long-term (1990-2019) monitoring of forest cover changes in the humid tropics* », *Science Advances*, vol. 7, n° 10, 2021, eabe1603.

3. LA FORÊT DÉVORÉE

AARTSMA Y., BIANCHI F. J. J. A., VAN DER WERF W., POELMAN E. H. et DICKE M., « *Herbivore-induced plant volatiles and tritrophic interactions across spatial scales* », *New Phytologist*, vol. 216, 2017, p. 1054-1063.

ADAMS H. D., HARTMANN H. *et al.*, « *Tree defence and bark beetles in a drying world : carbon partitioning, functioning and modelling* », *New Phytologist*, vol. 225, n° 1, 2020, p. 26-36.

AFENTOULIS D. G., CUSUMANO A., GRENBERG L. O., CAARLS L. et FATOUROS N. E., « *Attraction of* Trichogramma *wasps to butterfly oviposition-induced plant volatiles depends on* Brassica *species, wasp Strain and leaf necrosis* », *Frontiers in Ecology and Evolution*, vol. 9, 2021, e703134.

CASTAGNEYROL B., « Écologie de la résistance des plantes aux attaques d'insectes herbivores. Interactions entre organismes », mémoire pour le diplôme de l'habilitation à diriger des recherches, université de Bordeaux, 2020.

DUPLAN T., « La place des prés de fauche dans les exploitations agricoles du Parc national du Mercantour », rapport de stage de 2e année, AgroParisTech, 2009.

ENGEL P. ET MORAN N. A., « *The gut microbiota of insects – diversity in structure and function* », *FEMS Microbiology Reviews*, vol. 37, n° 5, 2013, p. 699-735.

JACOBS B. F. et CURRANO E. D., « *The impactful origin of neotropical rainforests* », *Science*, vol. 372, n° 6537, 2021, p. 28-29.

Lin T., Desurmont G. A. *et al.*, « *Evolutionary changes in an invasive plant support the defensive role of plant volatiles* », *Current Biology*, vol. 31, 2021, p. 1-7.

McCormick A. C., Unsicker S. B. *et al.*, « *Herbivore-induced volatile emission from old-growth black poplar trees under field conditions* », *Scientific Reports*, vol. 9, n° 1, 2019, e7714.

Naalden D., Schuurink R. C. *et al.*, « *Spotlight on the roles of whitefly effectors in insect–plant interactions* », *Frontiers in Plant Sciences*, vol. 12, 2021, e661141.

Neff F., Gossner M. M. *et al.*, « *Changes in plant-herbivore network structure and robustness along land-use intensity gradients in grasslands and forests* », *Science Advances*, vol. 7, n° 20, 2021, eabf3985.

Paré P. W. et Tumlinson J. H., « *Plant volatiles as a defense against insect herbivores* », *Plant Physiology*, vol. 121, n° 2, 1999, p. 325-331.

Steinbrenner A. D., Schmelz E. A. *et al.*, « *A receptor-like protein mediates plant immune responses to herbivore-associated molecular patterns* », *Proceedings of the National Academy of Sciences USA*, vol. 117, n° 49, 2020, p. 31510-31518.

Weisskopf L., Schulz S. et Garbeva P., « *Microbial volatile organic compounds in intra-kingdom and inter-kingdom interactions* », *Nature Reviews Microbiology*, vol. 19, 2021, p. 391-404.

4. À l'assaut de l'arbre forteresse

Bentham A. R., Banfield M. J. *et al.*, « *A molecular roadmap to the plant immune system* », *Journal of Biological Chemistry*, vol. 295, n° 44, 2020, p. 14916-14935.

Frey P. et Pinon J., « La rouille du peuplier : un pathosystème modèle », *Biofutur*, n° 247, 2004, p. 28-32.

Hacquard S., Duplessis S. *et al.*, « *The poplar-poplar rust interaction : insights from genomics and transcriptomics* », *Journal of Pathogens*, vol. 2011, 2011, e716041.

Pok Man Ngou B., Ding P. et Jones J. D. G., « *Channeling plant immunity* », *Cell*, vol. 184, n° 13, 2021, p. 3358-3360.

Pruitt R. N., Gust A. A. et Nürnberger T., « *Plant immunity unified* », *Nature Plants*, vol. 7, 2021, p. 382-383.

Tanaka K. et Heil M., « *Damage-associated molecular patterns (DAMPs) in plant innate immunity : applying the danger model and evolutionary perspectives* », *Annual Reviews of Phytopathology*, vol. 59, 2021, 3.1–3.23.

Zhang J., Coaker G., Zhou J.-M. et Dong X., « *Plant immune mechanisms: from reductionistic to holistic points of view* », *Molecular Plant*, vol. 13, 2020, p. 1358-1378.

5. Les sœurs ennemies

Bouwmeester H., Sinha N. et Scholes J., « *Parasitic plants : physiology, development, signaling, and ecosystem interactions* », *Plant Physiology*, vol. 185, n° 4, 2021, p. 1267-1269.

Brun G., Spallek T., Simier Ph. et Delavault Ph., « *Molecular actors of seed germination and haustoriogenesis in parasitic weeds* », *Plant Physiology*, vol. 185, n° 4, 2021, p. 1270-1281.

Casadesús A. et Munné-Bosch S., « *Holoparasitic plant-host interactions and their impact on Mediterranean ecosystems* », *Plant Physiology*, vol. 185, n° 4, 2021, p. 1325-1338.

Conn C. E., Nelson D. C., *et al.*, « *Convergent evolution of strigolactone perception enabled host detection in parasitic plants* », *Science*, vol. 349, n° 6247, 2015, p. 540-543.

Fernández-Aparicio M., Reboud X. et Gibot-Leclerc S., « *Broomrape weeds. Underground mechanisms of parasitism and associated strategies for their control : a review* », *Frontiers in Plant Science*, vol. 7, 2016, p. 135.

Hegenauer V., Albert M. *et al.*, « *The tomato receptor CuRe1 senses a cell wall protein to identify* Cuscuta *as a pathogen* », *Nature Communications*, vol. 11, n° 1, 2020, e5299.

Hu L., Zhou W. *et al.*, « *The effect of virulence and resistance mechanisms on the interactions between parasitic plants and their hosts* », *International Journal of Molecular Sciences*, vol. 21, n° 23, 2020, e9013.

Laohavisit A., Shirasu K. *et al.*, « *Quinone perception in plants* via *leucine-rich-repeat receptor-like kinases* », *Nature*, vol. 587, n° 7832, 2020, p. 92-97.

Mwangangi I. M., Rodenburg J. *et al.*, « *Combining host plant defence with targeted nutrition : key to durable control of hemiparasitic* Striga *in cereals in sub-Saharan Africa ?* », *New Phytologist*, vol. 230, n° 6, 2021, p. 2164-2178.

New South Wales National Parks and Wildlife Service, « *Yuraygir national park and Yuraygir state conservation area. Plan of management* », 2003.

Runyon J. B., Mescher M. C. et De Moraes C. M., « *Plant defenses against parasitic plants show similarities to those induced by herbivores and pathogens* », *Plant Signaling & Behavior*, vol. 5, n° 8, 2010, p. 929-931.

Slaby P., Körner M. et Albert M., « *A cell wall-localized glycine-rich protein of dodder acts as pathogen-associated molecular pattern* », *Communicative & Integrative Biology*, vol. 14, n° 1, 2021, p. 111-114.

THOROGOOD C. J., TEIXEIRA-COSTA L., CECCANTINI G., DAVIS C. et HISCOCK S. J., « *Endoparasitic plants and fungi show evolutionary convergence across phylogenetic divisions* », *New Phytologist*, 2021, sous presse.

TOH S. et MCCOURT P., « *Structure-function analysis identifies highly sensitive strigolactone receptors in* Striga », *Science*, vol. 350, n° 6257, 2015, p. 203-207.

TSUCHIYA Y., HAGIHARA S. *et al.*, « *Probing strigolactone receptors in* Striga hermonthica *with fluorescence* », *Science*, vol. 349, n° 6250, 2015, p. 864-868.

XIONG G., LI J. et SMITH S. M., « *Evolution of strigolactone perception by seeds of parasitic plants : Reinventing the wheel* », *Molecular Plant*, vol. 9, n° 4, 2016, p. 493-495.

6. DANS LES MONTAGNES DU YUNNAN

BANG F., YANG Z. L. *et al.*, « *Ecological and physical barriers shape genetic structure of the Alpine porcini (*Boletus reticuloceps*)* », *Mycorrhiza*, vol. 27, n° 3, 2017, p. 261-272.

BANG F. et YANG Z. L., « *Studies on diversity of higher fungi in Yunnan, southwestern China : A review* », *Plant Diversity*, vol. 40, n° 4, 2018, p. 165-171.

BOZSOKI Z., STOUGAARD J. *et al.*, « *Receptor-mediated chitin perception in legume roots is functionally separable from Nod factor perception* », *Proceedings of the National Academy of Sciences USA*, vol. 114, n° 38, 2017, p. 8118-8127.

BOZSOKI Z., RADUTOIU S. *et al.*, « *Ligand-recognizing motifs in plant LysM receptors are major determinants of specificity* », *Science*, vol. 369, n° 6504, 2020, p. 663-670.

BULGARELLI D., SCHULZ-LEFERT P. *et al.*, « *Revealing structure and assembly cues for* Arabidopsis *root-inhabiting bacterial microbiota* », *Nature*, vol. 488, 2012, p. 91-95.

FINKEL O. M., DANGL J. L. *et al.*, « *A single bacterial genus maintains root growth in a complex microbiome* », *Nature*, vol. 587, 2020, p. 103-108.

GREY-WILSON C. et CRIBB P., *Guide to the flowers of Western China. Royal Botanic Gardens*, Kew, 2011.

HIRUMA K., SCHULZE-LEFERT P. *et al.*, « *Root endophyte* Colletotrichum tofieldiae *confers plant fitness benefits that are phosphate status dependent* », *Cell*, vol. 165, n° 2, 2016, p. 464-474.

HOU S., HACQUARD S. *et al.*, « *A microbiota-root-shoot circuit favours* Arabidopsis *growth over defence under suboptimal light* », *Nature Plants*, 2021, sous presse.

HUANG A. C., OSBOURN A. *et al.*, « *A specialized metabolic network selectively modulates* Arabidopsis *root microbiota* », *Science*, vol. 364, n° 6440, 2019, eaau6389.

LEBEIS S. L., DANGL J. L. *et al.*, « *Salicylic acid modulates colonization of the root microbiome by specific bacterial taxa* », *Science*, vol. 349, n° 6250, 2015, p. 860-864.

MAIER B. A., VORHOLT J. A. *et al.*, « *A general non-self response as part of plant immunity* », *Nature Plants*, vol. 7, 2021, p. 696-705.

THOMS D., LIANG Y. et HANEY C. H., « *Maintaining symbiotic homeostasis : How do plants engage with beneficial microorganisms while at the same time restricting pathogens ?* », *Molecular Plant-Microbe Interactions®*, vol. 34, n° 5, 2021, p. 462-469.

VOGES M. J. E. E. E., BAI Y., SCHULZE-LEFERT P. et SATTLEY E. S., « *Plant-derived coumarins shape the composition of an* Arabidopsis *synthetic root microbiome* »,

Proceedings of the National Academy of Sciences U.S.A., vol. 116, n° 25, 2019, p. 12558-12565.

Young S. et Zhi-Jun W., « *Comparison of secondary and primary forests in the Ailao Shan region of Yunnan, China* », *Forest and Ecology and Management*, vol. 28, n°s 3-4, 1989, p. 281-300.

Zipfel C. et Oldroyd G. E. D., « *Plant signalling in symbiosis and immunity* », *Nature*, vol. 543, 2017, p. 328-336.

7. L'Homme qui plantait des arbres

Achat D. L., Augusto L. *et al.*, « *Quantifying consequences of removing harvesting residues on forest soils and tree growth – A meta-analysis* », *Forest Ecology and Management*, vol. 348, 2015, p. 124-141.

ADEME, AgroParisTech & CNPF, « GESFOR, Bilan environnemental des systèmes forestiers vis-à-vis du changement climatique et des autres enjeux : pour une optimisation des pratiques sylvicoles et des politiques territoriales », Éditions ADEME, 2018.

Augusto L., Cécillon L. *et al.*, « Séquestration de carbone organique dans les sols forestiers : impacts de la gestion sylvicole », *Forêt Entreprise*, n° 245, 2019, p. 62-66.

Bastin J.-F., Crowther T. W. *et al.*, « *The global tree restoration potential* », *Science*, vol. 365, n° 6448, 2019, p. 76-79.

Bastin J.-F., Crowther T. W. *et al.*, « *Response to comments on "The global tree restoration potential"* », *Science*, vol. 366, n° 6469, 2019, eaay8108.

Birot Y., Florentin G.-H., Henry J.-Y. et Roman-Amat B., *Le Grand Livre des arbres et de la forêt*, Paris, Odile Jacob, 2020.

Bus de Warnaffe G. et Angerand S., « Gestion forestière et changement climatique. Une nouvelle approche de la stratégie nationale d'atténuation », Étude réalisée par la fédération des Amis de la Terre France, Canopée et Fern, janvier 2020.

Cateau E., Debaive N. *et al.*, « Le patrimoine forestier des réserves naturelles – Focus sur les forêts à caractère naturel », Rapport RNF, 2017.

Chakir R. et Madignier A.-C., « Analyse des changements d'occupation des sols en France entre 1992 et 2003 », *Économie rurale*, n° 296, 2006, p. 59-68.

Di Sacco A., Antonelli A. *et al.*, « *Ten golden rules for reforestation to optimize carbon sequestration, biodiversity recovery and livelihood benefits* », *Global Change Biology*, vol. 27, n° 7, 2021, p. 1328-1348.

Dupouey J.-L., Nys C. *et al.*, « Stocks et flux de carbone dans les forêts françaises », *Revue forestière française*, LII, 2000, p. 139-154.

Évaluation française des écosystèmes et services écosystémiques, « La séquestration de carbone par les écosystèmes en France », Rapport d'évaluation, mars 2019.

Forzieri G., Cescatti A. *et al.*, « *Emergent vulnerability to climate-driven disturbances in European forests* », *Nature Communications*, vol. 12, 2021, e1081.

Friedlingstein P., Allen M., Canadell J. G., Peters G. P. et Seneviratne S. I., « *Comment on "The global tree restoration potential"* », *Science*, vol. 366, n° 6463, 2019, eaay8060.

Génot J.-C., « La nature en libre évolution : enjeux et réalités », Journalistes écrivains pour la Nature et l'Écologie, 2020.

GIEC, « Changement climatique 2021 : les éléments scientifiques », 6e Rapport d'évaluation, 2021.

GIONO J., *L'Homme qui plantait des arbres*, Paris, Gallimard, 1953.

GRAMLING C., « *Why planting tons of trees isn't enough to solve climate change* », *Science News*, juillet 2021.

GUÉNEAU S. et BIAGIOTTI I., *L'avenir des forêts ? Comprendre vite et mieux*, Paris, Belin, 2015.

Institut national de l'information géographique et forestière, « Le mémento, Inventaire forestier », 2016.

Institut national de l'information géographique et forestière, « La forêt française, état des lieux et évolutions récentes », IFN-IGN, 2018.

JACTEL H., BROCKERHOFF E. G. *et al.*, « *Tree diversity drives forest stand resistance to natural disturbances* », *Current Forestry Reports*, vol. 3, 2012, p. 223-243.

LEWIS S. L., MITCHARD E. T. A., PRENTICE C., MASLIN M. et POULTER B., « *Comment on "The global tree restoration potential"* », *Science*, vol. 366, n° 6463, 2019, eaaz0388.

LEWIS S. L., WHEELER C. E., MITCHARD E. T. A. et KOCH A., « *Restoring natural forests is the best way to remove atmospheric carbon* », *Nature*, vol. 568, 2019, p. 25-28.

LUYSSAERT S., GRACE J. *et al.*, « *Old-growth forests as global carbon sinks* », *Nature*, vol. 455, 2008, p. 213-215.

PALMER L., « *How trees and forests reduce risks from climate change* », *Nature Climate Change*, vol. 11, 2021, p. 374-377.

ROUX A. et DHÔTE J.-F. (coord.), « Quel rôle pour les forêts et la filière forêt-bois françaises dans l'atténuation du changement climatique ? Une étude des freins et leviers forestiers à l'horizon 2050 », Rapport d'étude pour le ministère de l'Agriculture et de l'Alimentation, INRA et IGN, 2017.

Seidl R., Reye C. P. O. *et al.*, « *Forest disturbances under climate change* », *Nature Climate Change*, vol. 7, 2017, p. 395-402.

Veldman J. W., Zaloumis N. *et al.*, « *Comment on "The global tree restoration potential"* », *Science*, vol. 366, nº 6463, 2019, eaay7976.

REMERCIEMENTS

Je tiens à remercier en premier lieu Sylvie dont les précieux conseils m'ont accompagné lors de la rédaction de cet essai. Elle a accepté de partager avec bienveillance nos soirées et nos randonnées avec les arbres et les forêts qui m'ont accaparé pendant de longs mois.

Merci à Olivia Recasens des éditions humenSciences pour sa confiance et la richesse de ses conseils.

Un grand merci à Jean-Luc Dupouey et Jonathan Lenoir pour leur relecture attentive des chapitres traitant de l'écologie des forêts et de la gestion forestière. Leurs remarques pertinentes et constructives m'ont été précieuses. Une mention particulière à Pascal Frey qui m'a décrit avec passion le processus d'infection et la sexualité des rouilles du peuplier.

Je voudrais également remercier les collègues qui m'ont accompagné lors des sorties sur le terrain en France, en Chine, aux États-Unis ou en Australie. Ils m'ont apporté un soutien logistique indispensable, mais ils ont surtout accepté de partager leurs connaissances approfondies des forêts que nous avons explorées. Parcourir les sentiers en leur compagnie fut un immense plaisir.

Enfin, je tiens à saluer tous les arbres qui ont illuminé mes journées par leur présence. J'espère que ces altérités tutélaires, dont je tente de saisir la complexité depuis des années, nous survivront. Sans les forêts, notre monde serait bien triste.

Composition réalisée par
IGS-CP (16)

Imprimé en France par
CPI Bussière
en juin 2024
N° d'impression : 2078281